"十四五"职业教育国家规划教材

建筑施工测量

JIANZHU SHIGONG CELIANG

（第2版）

主编 林清辉 王仁田

中国教育出版传媒集团

高等教育出版社·北京

内容简介

本书是"十四五"职业教育国家规划教材,依据教育部颁布的职业院校建筑工程技术等专业教学标准和现行工程测量相关国家标准,并参照工程测量员等相关职业技能标准和岗位技能要求编写。

本书在第 1 版的基础上修订而成,主要内容包括:高程测量、建筑轴线测设与检验、建筑物平面图测绘、数字测图、建筑物定位测量、基础工程施工测量、主体结构工程施工测量、建筑物变形监测。

本书为新形态教材,配有动画、测量操作视频等多种数字化资源,通过手机扫描书上与教学内容对应的二维码,可立体化阅读。登录 Abook 网站 http://abook.hep.com.cn/sve,可下载配套的教学课件等教学资源(详细说明见本书"郑重声明"页)。

本书可作为职业院校建筑工程技术、建筑工程施工、工程造价等土木工程类专业的教材,也可作为相关行业的岗位培训用书和工程技术人员参考用书。

图书在版编目(CIP)数据

建筑施工测量/林清辉,王仁田主编.--2 版.--北京:高等教育出版社,2021.11(2023.8 重印)
ISBN 978-7-04-056862-2

I.①建… II.①林… ②王… III.①建筑测量-高等职业教育-教材 IV.①TU198

中国版本图书馆 CIP 数据核字(2021)第 173893 号

策划编辑 梁建超	责任编辑 梁建超		封面设计 李卫青	版式设计 王艳红
责任校对 刘丽娴	责任印制 刘思涵			

出版发行	高等教育出版社	网 址	http://www.hep.edu.cn
社 址	北京市西城区德外大街 4 号		http://www.hep.com.cn
邮政编码	100120	网上订购	http://www.hepmall.com.cn
印 刷	佳兴达印刷(天津)有限公司		http://www.hepmall.com
开 本	889mm×1194mm 1/16		http://www.hepmall.cn
印 张	15	版 次	2015 年 9 月第 1 版
字 数	310 千字		2021 年 11 月第 2 版
购书热线	010-58581118	印 次	2023 年 8 月第 2 次印刷
咨询电话	400-810-0598	定 价	38.50 元

本书配套的数字化资源获取与使用

二维码教学资源

本书配套动画、测量操作视频等学习资源,在书中以二维码形式呈现,可随时扫描书中的二维码进行学习,享受立体化阅读体验。

打开书中附二维码的页面　　　扫码二维码　　　查看相应资源　　　扫一扫,学一学

Abook教学资源

本书配套教学课件、学习检测参考答案等辅教辅学资源,请登录高等教育出版社 Abook 网站 http://abook.hep.com.cn/sve 或 Abook APP 获取。详细使用方法见本书"郑重声明"页。

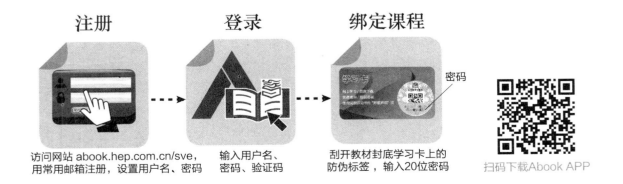

注册　　　登录　　　绑定课程

访问网站 abook.hep.com.cn/sve,用常用邮箱注册,设置用户名、密码　　　输入用户名、密码、验证码　　　刮开教材封底学习卡上的防伪标签,输入20位密码　　　密码

扫码下载Abook APP

第2版前言

为适应信息技术与教育教学深度融合的需要,满足互联网时代学习特性需求,本书融合现代信息技术与建筑施工测量技术技能,综合运用"互联网+"平台,满足个性化学习的需求。本书把握并实施"四个一体化"建设标准,即"教材形式与个性化教学一体化、教材设计与教学理念一体化、教材内容与教学要求一体化、纸质教材与数字化资源一体化",以满足"互联网+教育"背景下广大学生的学习需求。本次修订的主要内容有:

1. 充分运用信息技术,满足个性化教学需求

创新教材呈现形式,以二维码的形式展现规范的建筑施工测量操作方法、注意事项等,使教与学能随时随地根据需要开展。通过扫描二维码,学生可随时认知仪器、学习测量操作方法,满足多样化学习需求,保证教学实效。

2. 紧跟产业发展方向,重点突出实用性技能

《国家职业教育改革实施方案》指出职业院校教材建设的重点是实用性。本次修订强化建筑施工测量教学标准与行业标准、职业标准和岗位规范的对接,在产教融合、校企合作过程中及时吸收合作企业的新工艺、新技术,提高教材内容适应岗位需求的水平。具体体现在:

(1)调整水准测量的仪器

根据施工现场当前大量使用自动安平水准仪这一现状,结合仪器生产厂家的生产状况和经销商的销量,可以判断自动安平水准仪是当前建筑施工测量职业岗位使用的主要仪器。因此,在水准测量相关项目中将自动安平水准仪代替了微倾式光学水准仪,作为主要内容来讲解。但考虑全国各地发展不平衡,保留了微倾式光学水准仪的相关内容,并调整到知识拓展中,供教学选择。

(2)新增数字测图项目

当前,RTK测量技术日渐成熟且测量精度不断提高,并广泛应用于勘察设计、点位放样、竣工测量等方面。采用RTK测量技术结合全站仪采集数据,在CASS软件上绘制平面图和地形图,是信息时代的必备技能。为此,增加数字测图项目,把RTK测量技术、全站仪数据采集作为主要学习内容,弱化光学经纬仪的学习和使用。

(3)删减关联度低的内容

本次修订更加突出建筑工程方面的施工测量,删除了旗杆高度测量项目、装饰装修工程施工测量项目和线路工程及园林绿化测量项目。

3. 方便教学使用,拆分成教材和同步训练

本次修订突出任务实施前的知识准备、任务计划、实施步骤等理论性学习部分。为方便实

践教学,将实施环节单独编写成同步训练。

本书按照 78~112 学时编写,各教学项目的学时分配建议如下(供参考):

项目序号	教学内容	建议学时
项目一	高程测量	6~8
项目二	建筑轴线测设与检验	8~12
项目三	建筑物平面图测绘	20~28
项目四	数字测图	8~12
项目五	建筑物定位测量	12~16
项目六	基础工程施工测量	12~16
项目七	主体结构工程施工测量	6~12
项目八	建筑物变形监测	6~8

本书为新形态教材,配有动画、测量操作视频等多种数字化资源,通过手机扫描书上与教学内容对应的二维码,可随时随地获取学习资源,享受立体化阅读体验。登录 Abook 网站 http://abook.hep.com.cn/sve,可下载配套的教学课件等教学资源(详细说明见本书"郑重声明"页)。

本书由职业院校和建筑施工企业合作编写,由台州职业技术学院林清辉、台州市建筑工程学校王仁田任主编,嘉兴职业技术学院李冬霞、新疆交通职业技术学院莫俊明任副主编。参加编写的人员还有台州职业技术学院方从镯、许修超,台州市建筑工程学校何日荣、包机会,宁波职业技术学院刘丽芳,台州学院何春木,台州技师学院李登,方远建设集团股份有限公司陈志军,国强建设集团有限公司杨亦贵,标力建设集团有限公司倪志正、章伟,台州普立德建筑科技有限公司董荣贵。

由于编者水平有限,书中不足之处在所难免,敬请同行、专家及广大读者批评指正(读者意见反馈信箱:zz_dzyj@ pub.hep.cn)。

编 者

第1版前言

本书是"十二五"职业教育国家规划教材。

建筑施工测量是学生从事工程测量员、施工员、质量员、助理造价工程师等岗位工作,获得相关岗位证书和职业资格证书必修的重要专业课程。本书依据教育部 2012 年颁布的《高等职业学校建筑工程技术专业教学标准》和《工程测量规范》(GB 50026—2007)、《国家三、四等水准测量规范》(GB/T 12898—2009)、《测绘基本术语》(GB/T 14911—2008),并参照国家工程测量员等相关职业技能标准和岗位技能要求,由长期从事教学工作的骨干教师与长期从事建筑施工测量的工程技术人员共同编写。

本书编写过程中力求通过改革创新,突出以下特点:

1. 项目教学,贴近职业

从职业分析出发确定课程的教学目标,根据建筑施工测量典型工作任务设计课程的学习任务,以工作过程为导向设计课程的学习活动和组织教学内容,涵盖明确任务、制订计划、实施和控制反馈的完整工作过程,以及专业知识技能和工作对象、方法、工具、劳动组织、工作要求等所有工作要素。具有"学习的内容是工作,通过工作实现学习"的特色,适于工学结合、项目教学的教学模式需要。

2. 由易到难,循序渐进

本书依据学生认知规律和职业成长规律,从利用身边的实例建立简单任务开始,逐渐过渡到建筑工程施工中,从简单的任务过渡到综合性的任务。在这一过程中,使学生对职业的认识不断加深,对学习的兴趣不断增强,不但喜欢实践操作,而且喜欢理论知识的学习,为满足职业生涯发展中从技术员、工程测量员发展到测量工程师乃至测绘专家的转变储备基本理论知识。

3. 图文并茂,直观乐学

书中插入大量的图片,包括测量仪器的使用步骤、测量过程的示意图、施工现场的实例图等,生动形象地展示教学过程,使学生易学、乐学,能够提高学习兴趣。

本书按照 90~130 学时编写,各教学项目的学时分配建议如下(供参考):

项目序号	教学内容	建议学时
项目一	室内外地面高程测量	6~8
项目二	建筑轴线测设与检验	8~12
项目三	旗杆高度测量	8~12
项目四	教学楼底层平面图测绘	20~28

续表

项目序号	教学内容	建议学时
项目五	建筑物定位测量	12~16
项目六	基础工程施工测量	12~16
项目七	主体结构工程施工测量	6~12
项目八	装饰装修工程施工测量	4~6
项目九	建筑物变形观测	6~8
项目十	线路工程及园林绿化测量	8~12

本书由职业院校和建筑施工企业合作编写,由林清辉、王仁田任主编,参加编写的人员有台州职业技术学院林清辉、方从镯、叶辉,台州市建筑工程学校王仁田、何日荣,嘉兴职业技术学院闻敏杰,国强建设集团有限公司吉剑峰、董荣贵,标力建设集团有限公司倪志正、章伟,方远建设集团股份有限公司方从兵、唐兴明。

由于编者水平有限,书中不足之处敬请读者批评指正(读者意见反馈信箱:zz_dzyj@ pub. hep.cn)。

编　者
2015 年 6 月

目 录

导读

　　图 1-1 和图 1-2 所示为高程测量工作情境。室内外地面高程测量包括高程测定和高程测设。本项目中,测定工作是根据室外地面的已知高程,使用测量仪器和工具获得高差,最后计算室内地面高程的过程;测设工作是根据已知高程将设计高程在指定的位置标记出来。两者的测量元素基本相同,实施过程相反。

图 1-1　平坦地面高程测量

图 1-2　台阶处高程测量

任务 1　室内地面高程测定

 任务目标

　　通过水准测量,根据室外已知点高程确定室内任意点的高程。

　　图 1-3 所示为进行室外地面高程测定的工作情境。

图 1-3　室外地面高程测定

任务内容

1. 知识点

（1）大地水准面

（2）高程、高差

（3）后视、前视、视线高

2. 技能点

（1）水准仪整平、水准尺扶正

（2）后视、前视读数

（3）高差、高程计算

知识解读

高程测定是水准测量的基本应用之一。室内地面高程测定是根据室外地面已知点的高程,借助水准仪和水准尺确定室内外两点之间的高差,然后确定室内待测点高程的测量工作。

一、水准测量基本术语

1. 水准面和水平面

设想以一个静止不动的海水面延伸穿越陆地,形成一个闭合的曲面包围整个地球,这个闭合曲面称为水准面,其特点是水准面上任意一点的铅垂线都垂直于该点的曲面。与水准面相切的平面称为水平面。

在工程测量的研究过程中,通常取足够小范围,此时认为水平面与水准面重合,可用水平面代替水准面测量高差和计算高程。计算可知,距离为 0.1 km 时,地球曲率产生的高差为

0.8 mm;距离为 0.2 km 时,地球曲率产生的高差为 3 mm;距离为 0.3 km 时,地球曲率产生的高差为 7 mm。在工程上,误差大于 3 mm 是不允许的。

2. 大地水准面

潮水涨落会形成无数个水准面,其中与平均海水面相吻合的水准面称为大地水准面,如图 1-4 所示,它是高程测量工作的基准面,即绝对高程为 0 的位置。

图 1-4 大地水准面示意图

3. 绝对高程

地面点到大地水准面的铅垂距离称为该点的绝对高程,简称高程,用 H 表示。如图 1-5 所示,地面点 A、B 的高程分别为 H_A、H_B。2020 年我国应用北斗卫星定位、航空重力测量、GNSS 坐标控制网等技术,测得珠穆朗玛峰的新高度为 8 848.86 m。这个高度就是珠峰峰顶的绝对高程。

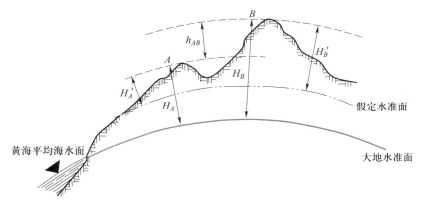

图 1-5 高程和高差

目前,我国采用的是"1985 年国家高程基准",也称为黄海高程,并在青岛设立了国家水准原点,于 1987 年 5 月启用。通过长期观测山东青岛、浙江玉环、广西北海海平面,综合其他因素,最终确定国家水准原点高程为 72.260 m。全国各地的高程都是从国家水准原点引测出来,根据水准网的级别,建立了一等国家高程控制骨干网、二等国家高程控制基础网、三四等国家高程控制加密网。

4. 相对高程

地面点到假定水准面的铅垂距离称为该点的相对高程或假定高程。假定水准面有无数个,如图 1-5 所示,A、B 两点到其中一个假定水准面的相对高程为 H'_A、H'_B。

5. 高差

地面两点间的高程之差称为高差，用 h 表示。高差有方向和正负。

（1）A、B 两点的高差为：

$$h_{AB} = H_B - H_A = H_B' - H_A' \tag{1-1}$$

h_{AB} 表示点 B 相对于点 A 的铅垂距离，当 h_{AB} 为正时，表示点 B 高于点 A；当 h_{AB} 为负时，表示点 B 低于点 A。

（2）B、A 两点的高差为：

$$h_{BA} = H_A - H_B = H_A' - H_B' \tag{1-2}$$

A、B 两点的高差与 B、A 两点的高差，绝对值相等，符号相反，即：

$$h_{AB} = -h_{BA} \tag{1-3}$$

式（1-1）~式（1-3）中的下标字母是对应的。无论是以大地水准面为基准计算高差，还是以假定水准面为基准计算高差，其结果是一致的。

6. 后视和前视

根据测量规范，已知点所在的位置称为后视点，待测点所在的位置称为前视点。通常情况下，测量方向是从 $A \rightarrow B$，则点 A 为后视点，点 B 为前视点，点 O 为测站点。如图 1-6 所示，测站点到后视点的水平距离 D_{OA} 称为后视距，测站点到前视点的水平距离 D_{OB} 称为前视距。后视读数 a 的观测视线到大地水准面的铅垂距离称为后视高，前视读数 b 的观测视线到大地水准面的铅垂距离称为前视高，后视高等于前视高。

7. 测站

前后视点间的距离称为一测站。一般为避免地球曲率误差对工程的影响，一测站不大于 200 m，且工程测量时要求前、后视距基本相等。水准仪应安置在已知点 A 与待测点 B 之间的中点附近。中点附近是指仪器到 A、B 的距离基本相等的位置，如图 1-7 所示，只要仪器安置在直线 O_1O_2 上任一点，都符合中点附近这一要求。

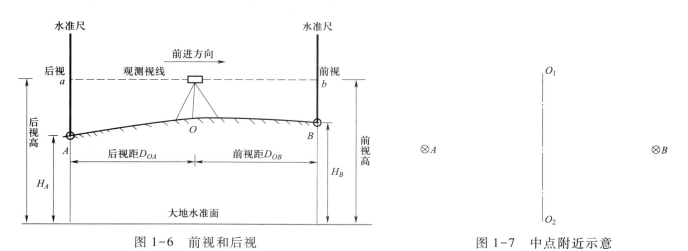

图 1-6　前视和后视　　　　　　　图 1-7　中点附近示意

8. 水准仪

目前,在建筑工程施工中,高程测量常用仪器是自动安平水准仪,如图 1-8 所示,由带光学自动补偿器的望远镜、圆水准器、基座三部分组成。仪器采用摩擦制动,水平微动采用无限微动机构,补偿器采用交叉吊丝结构和有效的空气阻尼器,保证仪器工作可靠。

水准仪认知

图 1-8　自动安平水准仪

1—基座;2—脚螺旋;3—检查按钮;4—目镜卡环;5—目镜;6—护盖;7—光学瞄准器;
8—圆水准器观测棱镜;9—圆水准器;10—物镜;11—水平微动手轮;12—调焦手轮

各部件功能介绍如下:

（1）基座　连接仪器与脚架。

（2）脚螺旋　调节使仪器处于水平状态。

（3）检查按钮　检查补偿器工作状况。

（4）目镜卡环　拆卸或固定望远镜目镜。

（5）目镜　观察目标和十字丝,调节使十字丝清晰。

（6）护盖　消除或减弱强光对观测的影响。

（7）光学瞄准器　初步瞄准目标。

（8）圆水准器观测棱镜　观察圆水准器气泡。

（9）圆水准器　使仪器处于初步水平状态的参考元素。

（10）物镜　放大目标。

（11）水平微动手轮　左右微微转动,使望远镜精确瞄准目标。

（12）调焦手轮　调节使目标清晰。

9. 水准尺

水准仪在观测过程中借助水准尺的刻度测量前后视读数,后视读数记作 a,前视读数记作 b。水准尺有板尺和塔尺,精度要求较高时常用的是板尺,精度要求不高且携带方便时常用塔尺。

（1）板尺　图 1-9 所示为板尺,尺长为 3 m,两根尺为一对。尺的双面均有刻度,一面为黑白相间,称为黑面尺（也称主尺）;另一面为红白相间,称为红面尺（也称辅尺）。两面的刻度均为 1 cm,在分米处注记数字。两根尺的黑面尺尺底均从零开始,而红面尺尺底,一根标记 47 是从 4.687 m 开始计数,另一根标记 48 是从 4.787 m 开始计数。在视线高度不变的情况下,同一根水准尺的红面和黑面读数之差应等于常数 4.687 m 或 4.787 m,这个常数称为尺常数,用 K 来表示,以此可以检核读数是否正确。

(2) 塔尺　图 1-10 所示为塔尺,是一种逐节缩小的组合尺,其长度为 2~5 m,由每节 1 m 的多节组合尺连接在一起,尺的底部为零点,尺面上用黑格表示尺寸,每格宽度为 1 cm 或 0.5 cm,在米和分米处注记数字。

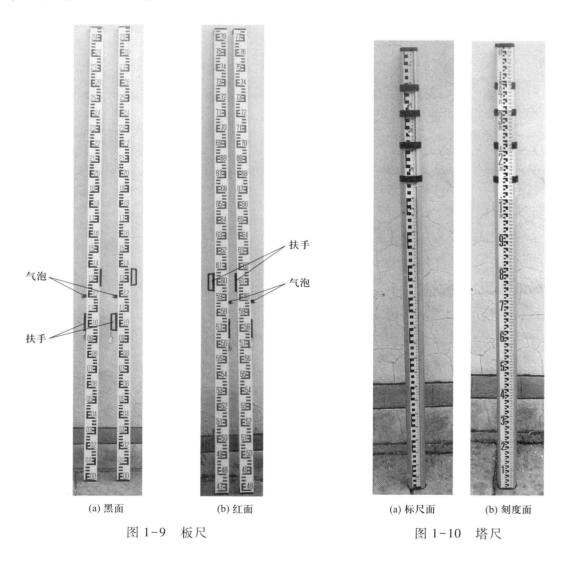

(a) 黑面　　　　　　(b) 红面　　　　　　　　(a) 标尺面　　　(b) 刻度面

图 1-9　板尺　　　　　　　　　　　图 1-10　塔尺

水准尺在使用过程中,应握住扶手或尺身,使水准尺处于垂直状态,尽量避免晃动造成误差。

二、水准仪的使用

水准测量使用的主要仪器和工具为水准仪、三脚架、水准尺,如图 1-11 所示。

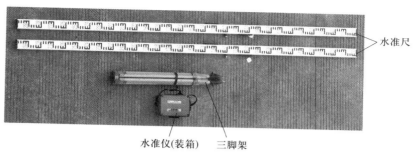

水准仪的
使用

图 1-11 测量仪器和工具

自动安平水准仪高程测定的基本操作程序为:安置仪器→粗略整平→瞄准水准尺→检查补偿器→读数。

1. 安置仪器

(1)在测站上松开三脚架架腿的固定螺旋,如图 1-12 所示。

(2)调整架腿长度至齐胸高。抓住架头,向上提升,直至与胸高度基本相等,如图 1-13 所示。

图 1-12 松开三脚架架腿的固定螺旋　　图 1-13 调整架腿长度至齐胸高

(3)拧紧固定螺旋,固定脚架高度,如图 1-14 所示。

(4)张开三脚架架腿,尽量使架头处于水平状态,如图 1-15 所示。三支架腿与地面呈 60°~70°,保持稳定。

图 1-14 固定脚架高度　　　　　　图 1-15 打开三脚架架腿

（5）从仪器箱中取出水准仪，如图 1-16 所示。一般情况下，仪器箱都有保险扣和铁锁扣住箱盖。打开仪器箱盖后，观察仪器放置的位置，在使用后按照原来的位置放回。

(a) 开锁　　　　　　　　　　　　　(b) 打开仪器箱盖

(c) 取出仪器

图 1-16　取出仪器

（6）关好仪器箱盖，扣上保险扣，如图 1-17 所示。

图 1-17　关闭仪器箱

（7）检查并调节脚螺旋高度基本相等，且处于中间位置，如图 1-18 所示。

（8）用连接螺旋将水准仪固定在三脚架架头上，如图 1-19 所示。

2. 粗略整平

通过调节脚螺旋使圆水准器气泡居中，如图 1-20 所示。

脚螺旋

(a) 脚螺旋高度不相等　　　　　　　　(b) 脚螺旋高度基本相等

图 1-18　检查脚螺旋高度

图 1-19　固定仪器

圆水准器气泡

(a) 不居中状态

(b) 居中状态

图 1-20　气泡状态

（1）气泡运动方向与转动一个脚螺旋的关系　　左手大拇指与食指捏紧并转动一个脚螺旋，气泡在其与三个脚螺旋 A、B、C 组成的三角形中心的连线方向或连线的平行线方向上运动，如图 1-21a 所示。一般而言，转动一个脚螺旋使用左手，则气泡运动方向与左手大拇指运动方向一致。如图 1-21b 所示，当左手大拇指使脚螺旋 A 往 1 方向转动时，则气泡往 1 方向运动；当左手大拇指使脚螺旋 A 往 2 方向转动时，则气泡往 2 方向运动。

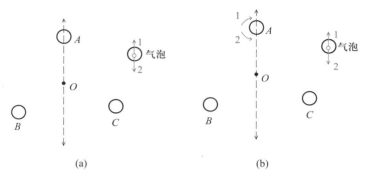

(a)　　　　　　　　　　　(b)

图 1-21　气泡运动方向与转动一个脚螺旋的关系

（2）气泡运动方向与转动两个脚螺旋的关系　　同时转动两个脚螺旋，气泡在两个脚螺旋连线方向或连线的平行线方向上运动。气泡运动方向与左手大拇指运动方向一致。左手、右手分别同时转动一个脚螺旋，右手转动方向与左手相对或相反。

如图 1-22 所示，如果使气泡往 1 方向运动，则左手在脚螺旋 B 处往 1 方向转动，右手在脚螺旋 C 处往 1 方向转动，称为左右手相反运动。

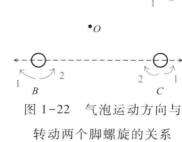

如果使气泡往 2 方向运动，则左手在脚螺旋 B 处往 2 方向转动，右手在脚螺旋 C 处往 2 方向转动，称为左右手相对运动。

图 1-22　气泡运动方向与转动两个脚螺旋的关系

3. 瞄准水准尺

（1）目镜调焦　　松开制动螺旋，将望远镜转向明亮的背景，转动目镜调焦螺旋（图 1-23），使十字丝成像清晰，如图 1-24 所示。

目镜调焦螺旋

图 1-23　目镜调焦螺旋

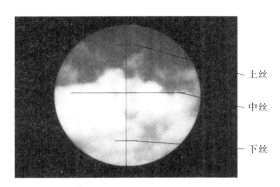

图 1-24　十字丝

（2）初步瞄准　通过望远镜筒上方的光学瞄准器（图 1-25）瞄准水准尺，旋紧制动螺旋。

(a) 观察水准尺

(b) 通过光学瞄准器观察水准尺

图 1-25　瞄准水准尺

（3）物镜调焦　转动物镜调焦螺旋（图 1-26），使水准尺的成像清晰，即通过望远镜能清晰地观察到水准尺上的刻度和数字。

（4）精确瞄准　转动微动螺旋，使十字丝的竖丝瞄准水准尺边缘或中央，如图 1-27 所示。

图 1-26　物镜调焦螺旋

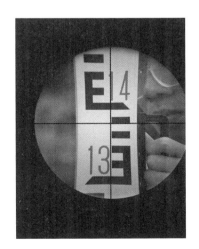

图 1-27　精确瞄准

（5）消除视差　眼睛在目镜端上下移动,如果看见十字丝与水准尺影像相对移动,这种现象称为视差。产生视差的原因是水准尺的尺像未与十字丝平面重合。视差的存在将影响读数的正确性,应予消除。消除视差的方法是多次转动物镜调焦螺旋,直至尺像与十字丝平面重合。

4. 检查补偿器

在读数前,按一下检查按钮,若尺像上下稍微摆动,最后十字丝中丝回复水准尺原位置上,则补偿器处于正常工作状态,视线水平。如果圆水准器气泡偏离中心,当按下检查按钮时,尺像不是正常摆动,而是急促短暂地跳动,表明补偿器超出工作范围碰到限位丝,必须将仪器整平,使圆水准器气泡居中,如图 1-28 所示。

检查按钮

(a) 检查按钮　　　　　　　　(b) 尺像正常摆动

图 1-28　检查补偿器

5. 读数

读取十字丝中丝在水准尺上的数值。从望远镜中看到的水准尺影像不论是正像还是倒像,读数时都应从小数字向大数字方向直接读取米、分米和厘米,并估读出毫米,共四位数。如图 1-29 所示,读数为 1.381 m。

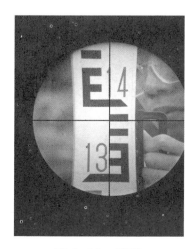

图 1-29　读数

三、高程测定

1. 测定点 B 高程

如图 1-30 所示,已知点 A 高程为 H_A,测定点 B 高程。

一测站高
程测定

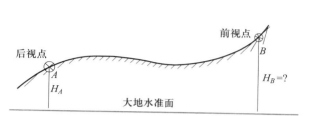

图 1-30 高程测定

如图 1-31 所示,安置水准仪后瞄准点 A 所在的水准尺,读数 a;瞄准点 B 所在的水准尺,读数 b,记录 a、b。

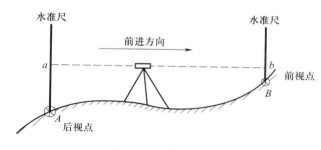

图 1-31 高差计算

显而易见,AB 之间的高差:

$$h_{AB} = a - b \tag{1-4}$$

则点 B 高程:

$$H_B = H_A + h_{AB}$$

可表述为:

$$H_B = H_A + (a - b) \tag{1-5}$$

2. 高程测定步骤

(1)标记点 B 地面位置。根据要求,指定室内地面任意点为待测点。用水准专用标记"⊗"绘点,并在一旁注明"B"字样。

(2)在点 A、点 B 分别立水准尺,要求水准尺的圆水准器气泡居中,如图 1-32 所示。

(3)用水准仪十字丝中心点瞄准点 A 所在的水准尺,并读取中丝数值 a,如图 1-33 所示。假定读取 a 值为 1.572 m,记录在表 1-1 第 3 列中。

(4)转动水准仪望远镜到点 B 所在的水准尺,用水准仪十字丝中心点瞄准,读取中丝数值 b,如图 1-34 所示。假定读取 b 值为 1.249 m,记录在表 1-1 第 4 列中。

(a) 未扶正状态　(b) 扶正状态

图 1-32　水准尺上的圆水准器气泡

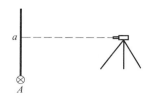
图 1-33　后视读数

表 1-1　普通水准测量手簿

测站	测点	水准尺读数/m		高差 h/m		高程 H/m	备注
		后视读数 a	前视读数 b	+	-		
1	2	3	4	5	6	7	8
1	A	1.572		0.323		10.000	假定高程
	B		1.249			10.323	待测点高程

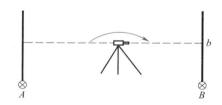
图 1-34　前视读数

（5）计算。

① 高差计算,利用式（1-4）

$$h_{AB} = a - b = 1.572 \text{ m} - 1.249 \text{ m} = 0.323 \text{ m}$$

记录在表 1-1 第 5 列中,若为负值,记录在第 6 列中。

② 待测点 B 的高程计算,利用式（1-5）,假定 $H_A = 10.000$ m,则

$$H_B = H_A + h_{AB} = 10.000 \text{ m} + 0.323 \text{ m} = 10.323 \text{ m}$$

记录在表 1-1 第 7 列中。

四、连续测定

当两点之间的距离超过一测站或两点之间有遮挡时,需要进行两站及以上的测定工作。如图 1-35 所示,AB 距离较远,超过一测站,需要将 AB 测段划分成 AO 和 OB 两个测站,O 为转点。转点不需要测出其高程,只是作为高程传递的过渡点。为了提高转点的高程传递准确性,通常需要在转点处放置尺垫。其测定过程如下:

（1）在 AO 之间安置水准仪,在点 A、O 上分别立水准尺,如图 1-36 所示。

图 1-35 两测站水准测量

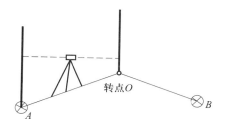

图 1-36 AO 测站水准测量

（2）观测 A 尺,假定读数为 2.688,记录在表 1-2 或表 1-3 中。转动望远镜到 O 尺,观测 O 尺,假定读数为 1.256,记录在表 1-2 或表 1-3 中。

表 1-2　普通水准测量手簿（样式一）

测站	测点	水准尺读数/m		高差 h/m		高程 H/m	备注
		后视读数 a	前视读数 b	+	-		
1	2	3	4	5	6	7	8
1	A	2.668		1.412		10.000	假定
	O		1.256			11.412	
2	O	1.597			0.767	11.412	
	B		2.364			10.645	
计算检核	Σ	$\sum a = 4.265$	$\sum b = 3.620$	1.412	0.767		
		$\sum a - \sum b = 0.645$		$\sum h = 1.412 - 0.767 = 0.645$		$H_B - H_A = 0.645$	

表 1-3　普通水准测量手簿（样式二）

测站	测点	水准尺读数/m		高差 h/m		高程 H/m	备注
		后视读数 a	前视读数 b	+	-		
1	2	3	4	5	6	7	8
1	A	2.668		1.412		10.000	假定
	O	1.597	1.256			11.412	
2	B		2.364		0.767	10.645	
计算检核	Σ	$\sum a = 4.265$	$\sum b = 3.620$	1.412	0.767		
		$\sum a - \sum b = 0.645$		$\sum h = 1.412 - 0.767 = 0.645$		$H_B - H_A = 0.645$	

（3）移动尺子到点 B，移动水准仪到 OB 之间的测站，转动水准尺黑面朝向操作员，如图 1-37 所示。

（4）先观测 O 尺，假定读数为 1.597，记录在表 1-2 或表 1-3 中。转动望远镜到 B 尺，观测 B 尺，假定读数为 2.364，记录在表 1-2 或表 1-3 中。

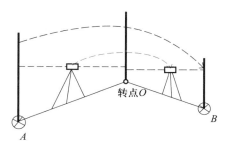

图 1-37　测站迁移

（5）完成表 1-2、表 1-3 中高差计算、计算检核、高程计算。

① $\sum a$ 为全部的后视读数累加，$\sum b$ 为全部的前视读数累加，$\sum a - \sum b$ 表示累积后视读数与累积前视读数之差。

② $\sum h$ 表示累积正高差与累积负高差之和。

③ $H_B - H_A$ 表示已知点与待测点的高差。

以上三者的计算结果应该是一致的，如果不一致则表示计算过程有错误，应从高差开始重新计算。

五、有障碍物的高程测定

如图 1-38 所示，在中间有障碍物的情况下，如何测定 AB 之间的高差并计算点 B 高程？请绘出测定示意图，并叙述测定过程。课后在校园内找到相应的场景并测定。

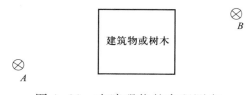

图 1-38　有障碍物的高程测定

知识拓展

水准仪除自动安平水准仪之外，还有微倾式光学水准仪、精密水准仪、电子水准仪等。

一、微倾式光学水准仪

微倾式光学水准仪如图 1-39 所示。

1. 仪器简介

水准仪提供一条与大地水准面平行的水平视线。其管水准器分划值小、灵敏度高。望远镜与管水准器联结成一体。凭借微倾螺旋使管水准器在竖直面内微作俯仰，符合管水准器居中、视线水平即可开始测量工作。各部件动能如下：

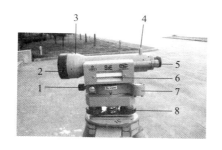

图 1-39 微倾式光学水准仪

1—水平制动螺旋;2—物镜;3—准星;4—照门;5—管水准器内观察窗;
6—管水准器外观察窗;7—圆水准器气泡;8—脚螺旋;9—目镜;
10—物镜调焦螺旋;11—微倾螺旋;12—微动螺旋

（1）水平制动螺旋　拧紧后,望远镜不能在水平方向自由旋转。

（2）物镜　放大目标。

（3）准星　与照门联合,初步瞄准目标。

（4）照门　与准星联合,初步瞄准目标。

（5）管水准器内观察窗　观察水准管气泡形成的抛物线,精确调平。

（6）管水准器外观察窗　观察水准管轴是否处于水平位置。

（7）圆水准器气泡　初步调平。

（8）脚螺旋　初平及精平。

（9）目镜　观察目标和十字丝,调节使十字丝清晰。

（10）物镜调焦螺旋　调节使目标清晰。

（11）微倾螺旋　调节使水准管气泡居中,抛物线吻合。

（12）微动螺旋　水平制动后,左右微动精确瞄准目标。

2. 微倾式光学水准仪的使用

微倾式光学水准仪有水准管和微倾螺旋,操作步骤之一的精平需要手动调整。在自动安平水准仪推广使用之前,微倾式光学水准仪在工程中普遍存在。微倾式光学水准仪高程测定的基本操作程序为:安置仪器→粗略整平→瞄准水准尺→精确整平→读数。

（1）安置仪器　按照与自动安平水准仪相同的操作步骤将水准仪固定在三脚架架头上,如图 1-40 所示。

（2）粗略整平　通过调节脚螺旋使圆水准器气泡居中,如图 1-41 所示。

（3）瞄准水准尺。

① 目镜调焦　松开制动螺旋,将望远镜转向明亮的背景,转动目镜调焦螺旋(图 1-42),使十字丝成像清晰,如图 1-43 所示。

图 1-40　安置仪器

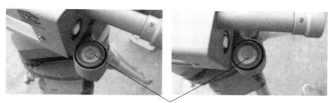

(a) 不居中状态　　　　圆水准器气泡　　　(b) 居中状态

图 1-41　圆水准器气泡状态

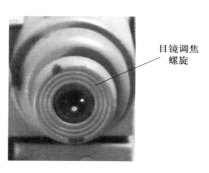

目镜调焦
螺旋

图 1-42　目镜调焦螺旋

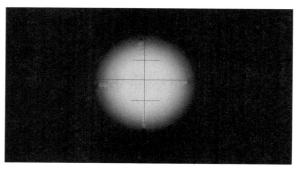

图 1-43　十字丝成像清晰

② 初步瞄准　通过望远镜筒上方的照门和准星(图 1-44)瞄准水准尺,旋紧制动螺旋。

照门

目镜　　　　　　　　　　　　　　　　准星

图 1-44　照门和准星

③ 物镜调焦　转动物镜调焦螺旋(图 1-45),使水准尺的成像清晰,即通过望远镜能清晰地观察到水准尺上的刻度和数字。

④ 精确瞄准　转动微动螺旋,使十字丝的竖丝瞄准水准尺边缘或中央,如图 1-46 所示。

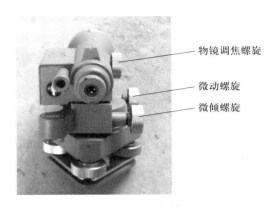
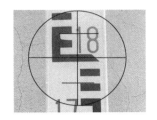

物镜调焦螺旋

微动螺旋

微倾螺旋

图 1-45　物镜　　　　　　　　　　图 1-46　精确瞄准

⑤ 消除视差　眼睛在目镜端上下移动,如果看见十字丝的中丝与水准尺影像相对移动,则多次转动物镜调焦螺旋,直至尺像与十字丝平面重合。

（4）精确整平　精确整平简称精平。眼睛观察管水准器外观察窗的气泡影像,如图 1-47 所示。

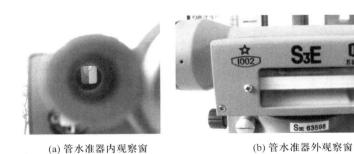

(a) 管水准器内观察窗　　　　　　　(b) 管水准器外观察窗

图 1-47　未精平状态

右手缓慢地转动微倾螺旋,观察管水准器外观察窗直至气泡居中,再观察管水准器内观察窗的气泡影像,使抛物线下方严密吻合,如图 1-48 所示。此时精确整平完成,视线即为水平视线。

(a) 管水准器内观察窗　　　　　　　(b) 管水准器外观察窗

图 1-48　精平状态

（5）读数　读数方式与自动安平水准仪相同。但是读数后须再检查管水准器气泡是否居中，若不居中，应再次精平，重新读数。

二、精密水准仪

精密水准仪与一般水准仪比较，其特点是能够精密地整平视线和精确地读取读数。

1. 精密水准仪的结构特点

（1）水准器具有较高的灵敏度　如 DS1 水准仪的管水准器 τ 值为 $10''/2\ mm$。

（2）望远镜具有良好的光学性能　如 DS1 水准仪望远镜的放大倍数为 38 倍，望远镜的有效孔径为 47 mm，视场亮度较高。十字丝的中丝刻成楔形，能较精确地瞄准水准尺的分划。

（3）具有光学测微器装置　可直接读取水准尺一个分格（1 cm 或 0.5 cm）的 1/100 单位（0.1 mm 或 0.05 mm），提高读数精度。

（4）视准轴与水准轴之间的联系相对稳定　精密水准仪均采用钢构件，并且密封起来，受温度变化影响小。

2. 精密水准尺

精密水准仪必须配有精密水准尺。这种尺一般是在木质尺身的槽内安有一根因瓦合金（又称低膨胀合金或镍铁合金）带。带上标有刻度，数字注在木尺上。

精密水准尺上的刻度注记形式一般有两种：

一种是尺身上刻有左右两排刻度，右边为基本刻度，左边为辅助刻度。基本刻度的注记从零开始，辅助刻度的注记从某一常数 K 开始，K 称为基辅差。

另一种是尺身上两排均为基本刻度，其最小刻度为 10 mm，但彼此错开 5 mm。尺身一侧注记米数，另一侧注记分米数。尺身标有大、小三角形，小三角形表示半分米处，大三角形表示分米的起始线。这种水准尺上的注记数字比实际长度增大了 1 倍，即 5 cm 注记为 1 dm。因此使用这种水准尺进行测量时，要将观测高差除以 2 才是实际高差。

3. 精密水准仪的操作方法

精密水准仪的操作方法与一般水准仪基本相同，只是读数方法有些差异。在水准仪精平后，十字丝中丝往往不恰好对准水准尺上某一整刻度线，这时就要转动测微轮使视线上、下平行移动，十字丝的楔形丝正好夹住一个整刻度线，被夹住的刻度线读数单位为 m、dm、cm。此时视线上、下平移的距离则由测微器读数窗中读出 mm 数。实际读数为全部读数的一半。

三、电子水准仪

电子水准仪主要有激光水准仪、数字水准仪。

1. 电子水准仪测量原理简述

与电子水准仪配套使用的水准尺为条形码水准尺，尺身由铝合金制成，尺身上的条形码通常由玻璃纤维或因瓦合金制成。在电子水准仪中装置有行阵传感器,它可识别水准尺上的条形码。电子水准仪摄入条形码后,经处理器转变为相应的数字,再通过信号转换和数据化,在显示屏上直接显示中丝读数和视距。

2. 电子水准仪的主要优点

(1)操作简捷,自动观测和记录,并立即用数字显示测量结果。

(2)整个观测过程在几秒钟内即可完成,从而大大减少观测错误和误差。

(3)仪器还附有数据处理器及与之配套的软件,从而可将观测结果输入计算机进入后处理,实现测量工作自动化和流水线作业,大大提高效率。

3. 电子水准仪的观测精度

电子水准仪的观测精度高,如瑞士徕卡公司开发的 NA2000 型电子水准仪的分辨力为 0.1 mm,每千米往返测得高差中数的偶然中误差为 2.0 mm;NA3003 型电子水准仪的分辨力为 0.01 mm,每千米往返测得高差中数的偶然中误差为 0.4 mm。

4. 电子水准仪的使用

NA2000 型电子水准仪用 15 个键的键盘和安装在侧面的测量键来操作,由 LCD 显示器显示给使用者,并显示测量结果和系统的状态。

观测时,电子水准仪在人工完成安置与粗平、瞄准目标(条形码水准尺)后,按下测量键后 3~4 s 即显示出测量结果。其测量结果可存储在电子水准仪内或通过电缆连接存入机内记录器中。

另外,观测中如水准尺的条形码被局部遮挡<30%,仍可进行观测。

5. 激光水准仪简介

激光水准仪如图 1-49 所示,利用激光束代替人工读数,将激光器发出的激光束导入望远镜筒内使其沿视准轴方向射出水平激光束,在水准尺上配备能自动跟踪的光电接收靶,即可进行水准测量。

6. 数字水准仪介绍

数字水准仪如图 1-50 所示,集光机电、计算机和图像处理等高新技术为一体,是现代科技发展的结晶。

图 1-49　激光水准仪　　　　图 1-50　数字水准仪

知识要点

一、基本概念

1. 水准面和水平面

设想以一个静止不动的海水面延伸穿越陆地,形成一个闭合的曲面包围了整个地球,这个闭合曲面称为水准面。

与水准面相切的平面称为水平面。

2. 大地水准面

水准面有无数个,其中与平均海水面相吻合的水准面称为大地水准面,它是高程测量工作的基准面。我国现在执行黄海高程,在青岛设立国家水准原点,高程为 72.260 m。

3. 绝对高程

地面点到大地水准面的铅垂距离称为该点的绝对高程,简称高程,用 H 表示。

4. 相对高程

地面点到假定水准面的铅垂距离称为该点的相对高程或假定高程。

5. 高差

地面两点间的高程之差称为高差,用 h 表示。高差有方向和正负。

6. 后视和前视

根据测量规范,已知点所在的位置称为后视点,待测点所在的位置称为前视点。通常情况下,测量方向是从 $A \rightarrow B$,则点 A 为后视点,点 B 为前视点。测站点到后视点的水平距离称为后视距,测站点到前视点的水平距离称为前视距。后视读数的观测视线到大地水准面的铅垂距离称为后视高,前视读数的观测视线到大地水准面的铅垂距离称为前视高,后视高等于前视高。

7. 测站

前后视点间的距离称为一测站。通常情况下,一测站中前、后视距基本相等,取 40~50 m。

8. 水准尺

水准仪在观测过程中借助水准尺的刻度测量前后视读数,后视读数记作 a,前视读数记作 b。水准尺有板尺和塔尺,常用的是板尺。

二、水准仪的使用

高程测定是测定的基本工作之一。水准测量主要仪器和工具:水准仪、脚架、水准尺。自动安平水准仪高程测定过程为:安置仪器→粗略整平→瞄准水准尺→检查补偿器→读数。

三、计算公式

1. 高差计算公式

$$h_{AB} = a - b$$

2. 高程计算公式

$$H_B = H_A + h_{AB} \quad 或 \quad H_B = H_A + (a - b)$$

3. 前、后视高相等公式

$$H_A + a = H_B + b$$

四、高程测定

1. 高差测量步骤

（1）在已知点和待测点上立水准尺,在两点中间位置安置水准仪。

（2）读取后视读数。

（3）读取前视读数。

2. 高程计算

（1）计算高差。

（2）由已知高程计算待测点高程。

 学习检测

一、填空

1. 后视点 A 的高程为 35.318 m,读得其水准尺的读数为 2.157 m,在前视点 B 尺上的读数为 2.395 m,则 $h_{AB} = $ _____ ,点 B 比点 A _____（高/低）,点 B 高程为_____。

2. 自动安平水准仪由_____、_____、_____三部分组成。

3. 已知 $H_A = 36.720$ m, $H_B = 43.831$ m,则 $h_{AB} = $ _____。

4. 地面点沿_____至大地水准面的距离称为该点的绝对高程。

5. 用微倾式光学水准仪望远镜筒上的准星和照门照准水准尺后,在目镜中看到图像不清晰,应该_____螺旋,若十字丝不清晰,应旋转_____螺旋。

6. 水准点的符号,采用英文字母_____表示。

7. 水准测量中丝读数时,不论是正像还是倒像,数值都应由_____到_____读取,并估读到小数点后_____位。

8. 测量时,记录员应对观测员读的数值,再_____一遍,无异议时才可记录在表中。

记录有误,不能用橡皮擦除,应_____,并注写原因:_____、_____、_____。

二、单选

1. 自动安平水准仪高程测定的基本操作程序为(　　)。

A. 安置仪器→粗略整平→检查补偿器→瞄准水准尺→读数

B. 安置仪器→瞄准水准尺→粗略整平→检查补偿器→读数

C. 安置仪器→粗略整平→瞄准水准尺→检查补偿器→读数

D. 安置仪器→检查补偿器→粗略整平→瞄准水准尺→读数

2. 水准仪的(　　)应平行于仪器竖轴。

A. 视准轴 　　　　　　　　　　B. 圆水准器轴

C. 十字丝横丝 　　　　　　　　D. 管水准器轴

3. 通过借助水准仪和水准尺确定室内外两点之间的高差,然后计算出室内待测点的高程,这一过程称为(　　)。

A. 测定 　　　　B. 测设 　　　　C. 测高 　　　　D. 放样

4. 计算高差时可以选择大地水准面为基准面,也可以选择假定水准面为基准面,对于计算,其结果是(　　)的。

A. 不一致 　　　　　　　　　　B. 一致

C. 无法估计 　　　　　　　　　D. 视实际而定

5. 微倾式光学水准仪提供一条与大地水准面平行的水平视线。其管水准器分划值____、灵敏度____。以下选项正确的是(　　)。

A. 大　高 　　　　B. 小　高 　　　　C. 大　低 　　　　D. 小　低

6. 微倾式光学水准仪高程测定的基本操作程序为(　　)。

A. 安置仪器→瞄准水准尺→粗略整平→精确整平→读数

B. 安置仪器→粗略整平→精确整平→瞄准水准尺→读数

C. 安置仪器→粗略整平→瞄准水准尺→精确整平→读数

D. 安置仪器→瞄准水准尺→精确整平→粗略整平→读数

7. 与图 1-51 水准尺读数最接近的是(　　)m。

A. 2.168 　　　　B. 1.268 　　　　C. 1.275 　　　　D. 1.278

8. 我国使用高程系的标准名称是(　　)。

A. 1956 黄海高程系 　　　　　　B. 1956 年黄海高程系

C. 1985 年国家高程基准 　　　　D. 1985 黄海高程

9. 水准测量中,设后尺 A 的读数 $a=2.713$ m,前尺 B 的读数 $b=1.401$ m,已知点 A 高程为

图 1-51　水准尺读数

15.000 m,则前视高为(　　)m。

A. 13.688　　　　　B. 16.312　　　　　C. 16.401　　　　　D. 17.713

10. 在水准测量中,若后视点 A 的读数大,前视点 B 的读数小,则有(　　)。

A. 点 A 比点 B 低

B. 点 A 比点 B 高

C. 无法确定点 A 与点 B 高低

D. A、B 两点的高低取决于仪器高度

三、多选

1. 水准仪有(　　)。

A. 自动安平水准仪　B. 微倾式光学水准仪　C. 精密水准仪

D. 电子水准仪　　　E. 激光水准仪

2. H_A 是后视点高程,a 是后视读数,H_B 是前视点高程,b 是前视读数,则高差计算式为
(　　)。

A. $h_{AB}=a-b$　　　　B. $h_{AB}=H_B-H_A$　　　　C. $h_{AB}=H_A-H_B$

D. $h_{AB}=b-a$　　　　E. $H_A+a=H_B+b$

3. 在 A、B 两点的高程测定中,为提高测量精度,可以在(　　)安置水准仪。

A. 靠近点 A　　　B. 靠近点 B　　　C. AB 中间位置

D. AB 中线上　　　E. 任意位置

四、简答

1. 水准仪的主要作用是什么?

2. 何谓视差？产生视差的原因是什么？如何消除视差？

五、计算

1. 根据图 1-52，已知点 BMA 的高程 $H_A = 138.952$ m，通过等外水准观测，测定点 B 的高程 H_B，请完整填写表 1-4。

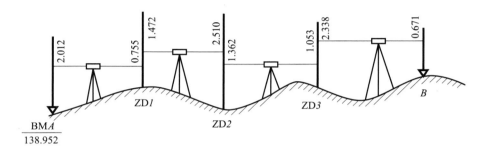

图 1-52 点 A、B 间的水准观测

表 1-4 普通水准测量手簿

测站	测点	水准尺读数/m		高差 h/m		高程 H/m	备注
		后视读数 a	前视读数 b	+	−		
1	2	3	4	5	6	7	8
1	BMA						
	ZD1						
2	ZD2						
3	ZD3						
4	B						
计算检核	Σ	$\sum a =$	$\sum b =$				
		$\sum a - \sum b =$		$\sum h =$		$H_B - H_A =$	

2. 表 1-5 为闭合水准路线等外水准测量的观测成果，请计算 Q、R、S 各点的高程。

表 1-5　闭合水准路线等外水准测量的观测成果

测点	测段	距离/km	实测高差/m	改正数/mm	改正后高差/m	高程/m	测点
BMI						24.383	BMI
	1	1.8	+4.676				
Q							Q
	2	2.4	−3.237				
R							R
	3	4.0	+5.337				
S							S
	4	3.0	−6.720				
BMI							BMI
Σ							
辅助计算							

六、操作

试作测定方案,并在实习实训环节完成图 1-38 的测定工作。

任务 2　测设 ± 0.000 标高

任务目标

根据已知点高程和设计高程,通过水准测量,将 ±0.000 在指定位置标示出来。图 1-53 所示为测设 ±0.000 标高的工作情境。

图 1-53　测设 ±0.000 标高

任务内容

1. 知识点

（1）±0.000 标高的位置和作用

（2）测设

（3）设计高程在水准尺中的位置

2. 技能点

（1）计算前视应读读数 $b_{应}$

（2）确定测设高程位置

（3）水准尺移动与指挥的配合

知识解读

一、高程测设的原理

在高程测定时，依据已知后视点高程并通过测量计算高差，再计算前视点高程。例如项目一的任务 1 中，已知高程 $H_A = 10.000$ m，观测后视读数为 1.572 m，前视读数为 1.249 m，计算出高差为 0.323 m，再计算出前视点高程 $H_B = 10.323$ m，可知前尺尺底的高程就是 10.323 m。工程中，要使点 B 高程达到 10.500 m，可将前尺向上移动 0.177 m，此时读数为 1.072 m，尺底高程即为 10.500 m。这个计算和测量的过程就是高程测设。

测设是根据设计意图，将规划好的建筑物位置在实地标定出来，包含平面位置测设和高程测设。±0.000 标高测设是高程测设的主要工作之一，是建筑物的上部结构和下部结构高程控制的基准。

二、±0.000 标高在图纸中的位置

（1）如图 1-54 所示，设计总平面图中标有 "$\frac{(\pm 0.000)}{14.175}$"，表示在该工程中 ±0.000 标高处的绝对高程为 14.175 m。

（2）在结构设计总说明中，对 ±0.000 标高位置的文字叙述如图 1-55 所示。

（3）在建筑底层平面图的中间位置注明 $\nabla^{\pm 0.000}$ 位置，如图 1-56 所示。根据结构设计总说明可得出等于黄海高程 ×.××× m。

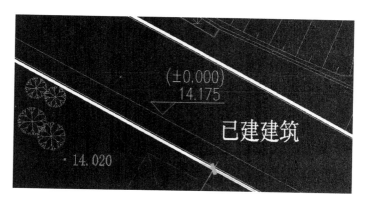

图 1-54 某设计总平面图（局部）

三、图纸说明
3.1 本工程结构施工图中除注明外，标高以m为单位，尺寸以mm为单位；
3.2 本工程建筑室内地面标高±0.000相当于黄海高程×.×××m；

图 1-55 结构设计总说明（局部）

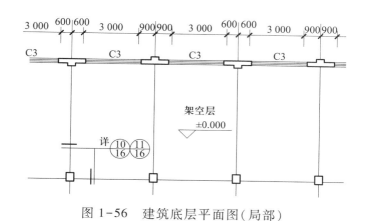

图 1-56 建筑底层平面图（局部）

三、±0.000 标高的测设过程

施工现场根据已知点 A 和高程 H_A，在木桩或柱或已建建筑物墙上测设、标记点 B 的高程位置。操作时根据点 A 与点 B 的高程，计算两者之间的高差 h_{AB}；再读取点 A 所在水准尺的后视读数 a，计算前视应读读数 $b_{应}$；通过水准仪观测，在点 B 处上下移动水准尺，直到十字丝读数 b 等于 $b_{应}$，此时在水准尺下方画线，画线位置就是测设的点 B 高程。

四、测设±0.000 标高

已知城市高程控制点 A 的高程 $H_A = 13.685$ m，房屋底层±0.000 标高的位置相当于黄海高程 14.175 m，请在柱上测设±0.000 标高的位置，并建立标记。

测设±0.000
标高

把已知数据记录在表 1-6 中。

表 1-6　测设记录手簿

测站	已知高程 H_A/m	设计高程 H_B/m	高差 h_{AB}/m	后视读数 a/m	前视应读读数 $b_应$/m
O	13.685	14.175	0.490	1.526	1.036

1. 计算 h_{AB}

$$h_{AB} = H_B - H_A = 14.175\ m - 13.685\ m = 0.490\ m$$

2. 测量后视读数 a

水准仪整平后,十字丝瞄准点 A 所在的水准尺,假设读取数值 $a = 1.526\ m$。

3. 计算前视应读读数 $b_应$

由公式 $h_{AB} = a - b$ 得出 $b = a - h_{AB}$,结合本例,

$$b_应 = a - h_{AB} = 1.526\ m - 0.490\ m = 1.036\ m$$

4. 确定点 B 位置

在点 B 所在的柱处安放水准尺,转动水准仪望远镜瞄准水准尺,在操作员指挥下上下移动水准尺,如图 1-57、图 1-58 所示,使得十字丝读数为 $b_应$,即 1.036 m。

图 1-57　向上移动水准尺　　　　　图 1-58　向下移动水准尺

5. 建立标记

当读数为 $b_应$ 时,沿水准尺底部位置在柱上画线,如图 1-59 所示,并做好标记,如图 1-60 所示。画线部位就是所测设的 ±0.000 标高位置。

 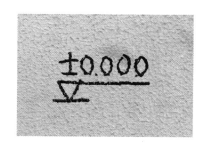

图 1-59　沿水准尺底部位置在柱上画线　　　　图 1-60　建立标记

知识要点

一、高程测设

高程测设是根据已知高程,利用水准测量的方法,将设计高程标记到现场作业面上。

1. 在地面上测设已知高程

如图 1-61 所示,某建筑物的室内地坪设计高程为 45.000 m,附近有一水准点 B,其高程为 $H_B=44.680$ m。现在要求把该建筑物的室内地坪设计高程测设到木桩 A 上,作为施工时控制高程的依据。测设方法如下:

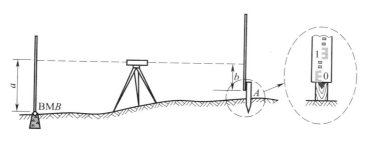

图 1-61　已知高程的测设

(1)在水准点 B 和木桩 A 之间安置水准仪,在点 B 立水准尺,假设用水准仪的水平视线测得后视读数为 1.556 m,此时视线高程为:

$$44.680 \text{ m}+1.556 \text{ m}=46.236 \text{ m}$$

(2)计算点 A 水准尺尺底为室内地坪设计高程时的前视读数:

$$b=46.236 \text{ m}-45.000 \text{ m}=1.236 \text{ m}$$

(3)上下移动竖立在木桩 A 侧面的水准尺,直至水准仪的水平视线在尺上截取的读数为 1.236 m 时,紧靠尺底在木桩上画一水平线,其高程即为 45.000 m。

2. 高程传递

当向较深的基坑或较高的建筑物上测设已知高程的点时,如水准尺长度不够,可利用钢尺向下或向上引测。

如图 1-62 所示,欲在深基坑内设置一点 B,使其高程为 H_B。地面附近有一水准点 A,其高程为 H_A。测设方法如下:

(1)在基坑一边架设吊杆,杆上吊一根零点向下的钢尺,尺的下端挂上 10 kg 的重锤,放入油桶中。

(2)在地面安置一台水准仪,设水准仪在点 A 所立水准尺上读数为 a_1,在钢尺上读数为 b_1。

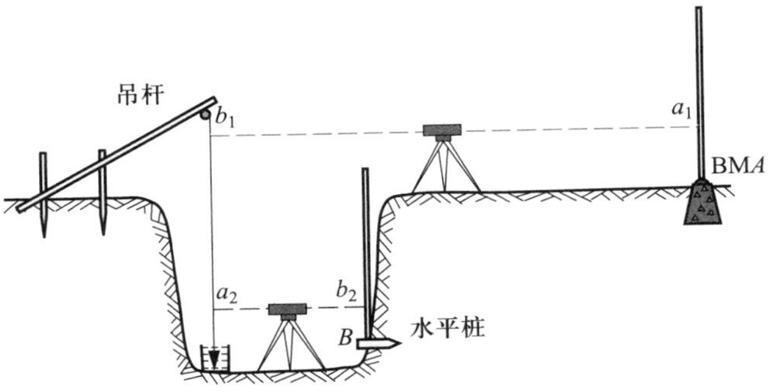

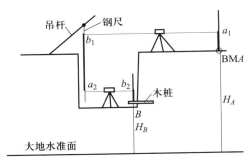

图 1-62 高程传递

（3）在坑底安置另一台水准仪,设水准仪在钢尺上读数为 a_2。

（4）根据后视高等于前视高,计算点 B 水准尺尺底高程为 H_B 时,点 B 处水准尺的读数 b_2。即

如图 1-63 所示,后视高由 2 段组成,其值为 H_A+a_1。

图 1-63 后视高与前视高的组成

前视高由 3 段组成,其值为 $H_B+b_2+|b_1-a_2|$。

根据视高相等,$H_A+a_1=H_B+b_2+|b_1-a_2|$,即 $b_2=H_A+a_1-H_B-|b_1-a_2|$。

用同样的方法,亦可从低处向高处测设已知高程的点。

二、高程测设步骤

1. 计算高差

根据已知点和待测点高程,计算两点之间的高差 h。

2. 测量后视读数

安置仪器后,观测已知点上水准尺读数。

3. 计算前视应读读数

根据高差和后视读数计算前视应读读数,即 $b_{应}=a-h_{AB}$。

4. 确定水准尺读数

上下移动水准尺,使读数刚好等于 $b_{应}$ 时停止移动。

5. 建立标记

在水准尺底部画线并标记。

 学习检测

一、填空

1. 设点 A 高程为 15.023 m,欲测设设计高程为 16.000 m 的点 B,水准仪安置在 A、B 两点之间,读得 A 尺读数 $a = 2.340$ m,B 尺读数 $b =$ _____时,才能使尺底高程为点 B 高程。

2. 水准测量中,转点的作用是_____,转点处通常要放置_____。

3. 根据设计,控制点 BMA 高程 $H_A = 138.953$ m,某建筑物 ±0.000 的高度相当于黄海高程 139.558 m,从点 BMA 引测,后视读数 $a = 1.752$ m,则前视读数 $b =$ _____时,才达到设计要求。

4. 在水准测量中,由于误差的存在,使得两点间的实测高差与其理论值不符,其差称为_____。

5. 测设工作包含平面位置测设和_____。

二、单选

1. 用水准仪观测时,因长水准管轴不平行于视准轴,会引起( )。

A. 系统误差
B. 偶然误差
C. 系统误差和偶然误差
D. 粗差

2. 微倾式光学水准仪,关于长水准管轴不平行于视准轴引起的误差,下列说法正确的是( )。

A. 误差大小是固定的,与前后视距无关

B. 误差大小与前后视距成正比

C. 误差大小与前后视距成反比

D. 误差大小与地形地貌有直接关系

3. 测设时,水准尺的( )即为设计高程。

A. 底部
B. 最后一测站前视读数位置
C. 顶部
D. 中部

4. 对地面点 A,任取一个水准面,则点 A 至该水准面的铅垂距离为( )。

A. 绝对高程
B. 海拔
C. 高差
D. 相对高程

5. 高程放样时,可以先计算( )。

A. 前视读数
B. 后视读数
C. 高程
D. 高差

三、多选

1. ±0.000 在图纸中的位置有( )。

A. 总平面图中标注　　　　　　　　　　B. 各层平面图中标注

C. 建筑底层平面图中标注　　　　　　　D. 立面图中标注

E. 结构设计总说明中注写

2. 高程放样时,根据分工不同,参加直接操作的人员有( )。

A. 操作员　　　　B. 跑尺员　　　　C. 记录员

D. 安全员　　　　E. 监督员

3. 安全员的主要任务有( )。

A. 仪器安全　　　　B. 场地安全　　　　C. 人员安全

D. 制作 PPT　　　　E. 拍摄过程

四、简答

1. 水准测量时为什么要求前后视距基本相同?

2. 转点有何作用? 如何选择?

五、计算

在对 DS3 型微倾式光学水准仪进行 i 角检校时,先将水准仪安置在 A 和 B 两立尺点中间,使水准器气泡严格居中,分别读得两尺读数 $a_1 = 1.573$ m, $b_1 = 1.415$ m,然后将仪器搬到 A 尺附近,使水准器气泡居中,读得 $a_2 = 1.834$ m, $b_2 = 1.696$ m,问:(1)AB 间高差是多少?(2)长水准管轴是否平行于视准轴?(3)若不平行,应如何校正?

📖 **导读**

　　建筑轴线用于确定建筑物开间和进深方向主要结构或构件的平面位置和主要尺寸,是设计和施工放样的重要依据。建筑轴线的测设工作包括角度测设(图 2-1)和距离测设(图 2-2)。

图 2-1　角度测设

图 2-2　距离测设

测设 90°
水平角

任务 1　测设 90°水平角

🧑‍🎓 **任务目标**

　　根据设计要求,使用经纬仪由起点和起始方向开始,测设一个 90°水平角,在终边方向建立标记。图 2-3 所示为测设 90°水平角的示意图。

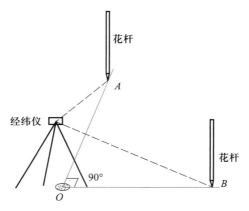

图 2-3   测设 90°水平角的示意图

 任务内容

1. 知识点

（1）经纬仪的使用

（2）测设水平角的方法

（3）水平角读数

（4）地球曲率对角度观测的影响

（5）置零

2. 技能点

（1）经纬仪操作

（2）确定终边

（3）花杆移动与指挥的配合

 知识解读

一、经纬仪的使用

角度测设是测设的主要任务之一,使用的仪器和工具是经纬仪、花杆（花杆的介绍详见本书项目二任务 2 相关内容）。

经纬仪有光学经纬仪和电子经纬仪,教学上常用 DJ6 型光学经纬仪,D 表示大地测量,J 表示经纬仪,6 表示一测回观测中误差不超过 6″,如图 2-4 所示。其主要部件功能如下:

经纬仪认知

(a) 盘左位置　　　　　　(b) 盘右位置

(c) 型号一侧　　　　　　(d) 反光镜一侧

图 2-4　DJ6 型光学经纬仪

1—目镜;2—物镜调焦环;3—读数观察窗;4—观察窗调焦螺旋;5—垂直制动螺旋;6—垂直微动螺旋;
7—竖盘水准管微动螺旋;8—水平制动螺旋;9—水平微动螺旋;10—手轮;11—反光镜;12—竖盘水准管;
13—竖盘水准管观察镜;14—竖直度盘;15—脚螺旋;16—瞄准器;17—光学对中器

（1）目镜　观察目标及十字丝,调节使十字丝清晰。

（2）物镜调焦环　调节使目标清晰。

（3）读数观察窗　读取水平度盘、竖直度盘数值。

（4）观察窗调焦螺旋　调节使读数清晰。

（5）垂直制动螺旋　拧紧后,使望远镜在垂直方向不能自由运动。

（6）垂直微动螺旋　制动后,使望远镜在垂直方向微动,准确瞄准目标。

（7）竖盘水准管微动螺旋　调节使竖盘水准管居中。

（8）水平制动螺旋　拧紧后,使照准部在水平方向不能自由运动。

（9）水平微动螺旋　制动后，使照准部在水平方向微动，准确瞄准目标。

（10）手轮　外面有保险盖，内置水平度盘转动手轮，调节使水平角读数到指定数值。

（11）反光镜　调节观察窗内亮度。

（12）竖盘水准管　气泡居中后读取竖直度盘数值。

（13）竖盘水准管观察镜　观察竖盘水准管气泡位置。

（14）竖直度盘　竖直角度盘。

（15）脚螺旋　调节使圆水准器气泡和水准管气泡居中。

（16）瞄准器　初步瞄准目标。

（17）光学对中器　瞄准水准点标记中心。

下面介绍光学经纬仪的使用，包括安置仪器、对中整平、瞄准目标、读数四个过程。

1. 安置仪器

如图 2-5 所示，经纬仪比水准仪重，为保持仪器稳定，其脚架也较大、较重。安置脚架操作过程同水准仪脚架，但是在安放时需要把脚架中心大致对准测站点。

图 2-5　安置脚架

取出仪器，如图 2-6 所示。检查并调整脚螺旋高度使其基本相等，以脚螺旋固定螺丝孔为参考，如图 2-7 所示。使架头平整、仪器脚螺旋高度基本相同，便于仪器的初平。

2. 对中整平

将经纬仪连接到脚架后，在测站点上对中和整平。对中的目的是使仪器中心与测站点水准标志中心位于同一铅垂线上；整平的目的是使仪器竖轴处于铅垂位置，水平度盘处于水平状态。

经纬仪对中整平基本操作

（1）初步对中和整平。

① 调节光学对中器的目镜和物镜调焦螺旋，使光学对中器的分划板小圆圈和测

站点水准标志的影像清晰。

②　从光学对中器中观察测站点水准标志的位置,双手水平移动脚架,使光学对中器对准测站点水准标志中心,此时圆水准器气泡偏离,处于不居中状态,如图 2-8 所示。

(a) 打开保险扣

(b) 打开仪器箱

(c) 检查仪器位置

(d) 取出仪器后关闭仪器箱

图 2-6　取出仪器

图 2-7　检查脚螺旋高度

图 2-8 圆水准器气泡不居中

③ 伸缩三脚架架腿,使圆水准器气泡居中,注意脚架尖位置不得移动,如图 2-9、图 2-10 所示。伸缩时,气泡在哪个方向,就降低哪个方向的脚架高度。

(a) 松开固定螺丝

(b) 调节脚架长度

图 2-9 伸缩三脚架架腿

图 2-10 圆水准器气泡居中

(2) 精确对中和整平。

① 精平 转动照准部,使水准管平行于任意一对脚螺旋的连线,两手同时相对或相反转动这两个脚螺旋,使气泡居中,注意气泡移动方向始终与左手大拇指移动方向一致;然后将照准部按照顺(或逆)时针方向转动约 120°到另一边,调节第三个脚螺旋,使管水准器气泡居中;再将照准部按照顺(或逆)时针转约 120°,检查气泡是否居中。若不居中,按上述步骤反复进行 2 或 3 次,直到管水准器转到任一边时,气泡偏离零点不超过一格为止,如图 2-11 所示。若反复

操作后,气泡偏离仍超过一格,则仪器需要校正。

(a) 管水准器气泡偏离中心

(b) 调节管水准器气泡

图 2-11　水准管气泡居中

精平时,脚螺旋转动幅度较小,转动速度较慢,其他人基本察觉不到在动,随着气泡的缓慢偏移而调整结束。

② 对中　精平后,对中发生了偏离。先松开连接螺旋,在架头上轻轻移动经纬仪,使光学对中器分划板的刻度中心与测站点水准标志影像重合,然后旋紧连接螺旋。光学对中器对中误差一般可控制在 1 mm 以内。

对中和整平,一般都需要经过几次"整平—对中—整平"的循环过程,直至整平和对中均符合要求。

3. 瞄准目标

（1）松开垂直制动螺旋和水平制动螺旋,将望远镜朝向明亮背景,调节目镜调焦螺旋,使十字丝清晰。

（2）利用望远镜上的瞄准器粗略对准目标,拧紧水平及垂直制动螺旋;调节物镜调焦螺旋,使目标影像清晰,并注意消除视差。

（3）转动水平和垂直微动螺旋,精确瞄准目标。测量水平角时,应用十字丝交点尽量瞄准目标底部。

4. 读数

（1）打开反光镜,调节反光镜镜面位置,使读数窗亮度适中。

（2）转动读数显微镜目镜调焦螺旋,使度盘、测微尺及指标线的影像清晰。

（3）读取度分秒数值。

（4）读数方法。

① 如图 2-12 所示,通过观察窗,刻度中显示水平或 H 的代表水平角数值,一般在上部;显示垂直或 V 的代表垂直角数值,一般在下部。

图 2-12　观察窗数值

② 标示 0~6 刻度的是测微尺,把 1°划分成 60 格,1 格等于 1′,这是角度测量的精确读数。

③ 刻度与测微尺相交处为度,读取相交处的度数值为 118°。

④ 分值按照度之前的格数计算,共 6 格,计作 06′。

⑤ 秒值是不足一格时读取的估值。1 格等于 1′,1′等于 60″,DJ6 经纬仪的精度为 6″,所以在估读时要读取 6N″,图 2-12 中秒值可读作 42″。

⑥ 由此得出水平角读数为 118°06′42″,用同样方法得出垂直角读数为 87°52′12″。

二、水平角测设简述

测设一个角度首先要有起始方向,起始方向的起点就是角度测设的原点,也就是仪器安置的点位,称为测站点,如图 2-13 所示,以 O 表示。为了准确测设 $\angle AOB$,仪器通过光学对中器尽量安置在点 O 水准标记⊗的中心点上。

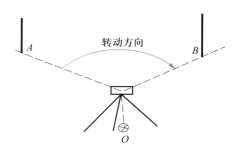

图 2-13 角度测设示意

根据工程实际位置确定起始方向,在练习中可任意指定 OA 为起始方向,如图 2-13 所示,在起始方向上选定任一点 A 作为花杆放置点。经纬仪十字丝中心点瞄准点 A 花杆,然后往 B 方向转动,当转动角度达到预定值后停止转动。指挥花杆落在十字丝中心点上,并在花杆底部注写 B 形成 OB 方向线,则所测得的 $\angle AOB$ 即为设计值。

地球曲率对角度观测的影响,按照球面角超值公式 $\varepsilon = \rho \times \dfrac{P}{R^2}$,当面积等于 100 km^2 时,可产生 $0.51″$的角度误差,所以在一般角度观测过程中,可不考虑地球曲率的影响。

三、测设水平角的一般方法

当测设水平角的精度要求不高时,可采用盘左、盘右取中的方法测设。如图 2-14 所示,设地面上已知起始方向 OA,O 为原点,测设已知水平角 $\beta = 45°22′30″$,顺时针转动到设计终边方向,具体测设过程如下:

(1)在点 O 安置经纬仪,在点 A 立花杆。

(2)盘左位置瞄准点 A,视线尽量靠近花杆底部。水平度盘置零并读数为 $0°00′24″$,记录在表 2-1 中,并计算终边方向

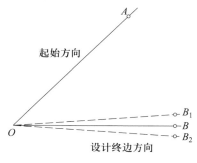

图 2-14 测设已知水平角

角值为 45°22′54″，计算检查符合测设值。

表 2-1　角度测设记录表

测站	盘位	点号	起始方向读数 （°　′　″）	终边方向角值 （°　′　″）	计算检查	备注
1	2	3	4	5	6	7
O	左	A	0　00　24		45　22　30	符合
		B		45　22　54		
	右	A	180　01　18		45　22　30	符合
		B		225　23　48		

测设角度时，往往需要进行置零操作。置零操作时盘左瞄准起始方向，转动手轮，使水平度盘置于 0°0′0″附近。把照准部按顺时针方向转 1 或 2 圈，再瞄准起始点相同位置，读数，所读取的数据作为起始方向读数。如果是盘右方向，则逆时针旋转照准部。这是检查仪器刻度是否精确的方法之一。

（3）顺时针转动经纬仪照准部，使水平度盘数值增加 β 值 45°22′30″，达到 45°22′54″，在经纬仪十字丝所在视线上立花杆，定出点 B_1。

（4）盘右位置瞄准点 A，读数为 180°01′18″，计算终边方向角值为 225°23′48″，计算检查符合测设值。

（5）顺时针转动经纬仪照准部，使水平度盘数值增加 β 值 45°22′30″，达到 225°23′48″，在经纬仪十字丝所在视线上立花杆，定出点 B_2。

（6）取点 B_1 和 B_2 的中点得到点 B，则 $\angle AOB$ 就是要测设的 β 角。

为了提高测设精度，可以采用多测回多次确定点 B，取平均点构成 $\angle AOB$ 作为最终的测设角值。多测回观测时，盘左起始方向读数按 180/n 设置，n 为计划测回数。

四、检查所测设的角度

1. 用测回法对所测得的 $\angle AOB$ 进行检查

（1）在点 O 安置经纬仪，盘左位置瞄准点 A，水平度盘置零，读数为 0°01′12″，记录在表 2-2 中。

测回法测量水平角

（2）顺时针转动经纬仪照准部，瞄准点 B，读数为 45°23′24″。

（3）盘右位置，瞄准点 B，读数为 225°23′36″。

（4）逆时针转动经纬仪照准部，瞄准点 A，读数为 180°01′18″。

（5）把所测得的数值记录在表 2-2 中，计算 $\angle AOB$。

表 2-2　测回法观测手簿

测站	竖盘位置	目标	水平度盘读数 (° ′ ″)	半测回角值 (° ′ ″)	一测回角值 (° ′ ″)	备注
O	左	A	0 01 12	45 22 12	45 22 15	符合
		B	45 23 24			
	右	A	180 01 18	45 22 18		
		B	225 23 36			

2. 角度计算

半测回角值 = 水平度盘 B 目标读数 − 水平度盘 A 目标读数,即盘左为 $\beta_L = 45°23'24''-0°01'12'' = 45°22'12''$,盘右为 $\beta_R = 225°23'36''-180°01'18'' = 45°22'18''$。

盘左测量称为上半测回,盘右测量称为下半测回。当上、下半测回角值互差小于等于 40″ 时,取平均值作为一测回角值。本例上、下半测回角值互差为 6″,符合要求。计算一测回角值 $\beta = (\beta_L+\beta_R)/2 = (45°22'12''+45°22'18'')/2 = 45°22'15''$。

测量值与设计值之差为 15″,符合测设要求,可以将点 B 作为终边的点位,形成的 $\angle AOB$ 作为 $\beta = 45°22'30''$。

五、精度要求较高的水平角测设

在用一般方法测设一个水平角 β 的基础上,再经过测回法检查,确定 $\angle AOB$ 的测量值为 $\beta_{测}$,计算其与设计值 $\beta_{设}$ 的差值,用精确测量的方法修正 $\beta_{测}$,使之与 $\beta_{设}$ 更加接近,如图 2-15 所示,主要步骤如下:

（1）计算测量值与设计值之差 $\Delta\beta$:

$$\Delta\beta = \beta_{测}-\beta_{设} = 45°22'15''-45°22'30'' = -15''$$

（2）量取 OB 的水平距离 $D_{OB} = 50\ \text{m}$。

（3）由 $\rho = 206\ 265''$ 计算得

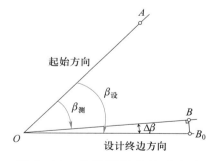

图 2-15　角度测设的精确方法

$$D_{BB_0} = OB \cdot \tan \Delta\beta \approx OB \cdot \frac{\Delta\beta}{\rho}$$

$$= 50\ \text{m} \times \frac{-15}{206\ 265} \times 10^3 \approx -3.6\ \text{mm}$$

（4）根据计算结果 D_{BB_0},从点 B 处向外量取 $D_{BB_0} \approx 3.6\ \text{mm}$ 的距离,确定点 B_0,所形成的 $\angle AOB_0$ 就是设计角度。当设计值小于测量值,即 D_{BB_0} 为正时向内量取;设计值大于测量值,即 D_{BB_0} 为负时向外量取。

确定了点 B_0 之后,形成的 $\angle AOB_0$ 更加接近 $45°22'30''$。

六、数值取位说明

在建筑施工测量运算过程中,小数点后一般取三位,第四位则遵守四舍六入的原则,即小于 5 的数值舍去,大于 5 的数值进位。那么 5 的取舍至关重要,全部进位则数值会偏大,全部舍去会使得数值偏小。

对于 5 则遵守奇进偶不进的原则,即 5 前面是奇数则进位,是偶数则舍去。数值取位运算示例见表 2-3。

表 2-3　数值取位运算示例

序号	数值	取位后数值	原则
1	9.123 1	9.123	四舍六入
2	9.123 2	9.123	四舍六入
3	9.123 3	9.123	四舍六入
4	9.123 4	9.123	四舍六入
5	9.123 5	9.124	奇进偶不进(5 前数字是 3,为奇数)
6	9.124 5	9.124	奇进偶不进(5 前数字是 4,为偶数)
7	9.125 5	9.126	奇进偶不进(5 前数字是 5,为奇数)
8	9.126 5	9.126	奇进偶不进(5 前数字是 6,为偶数)
9	9.123 6	9.124	四舍六入
10	9.123 7	9.124	四舍六入
11	9.123 8	9.124	四舍六入
12	9.123 9	9.124	四舍六入

七、测设 90° 水平角

1. 确定起始方向

(1) 在地面上用标记"⊗"绘水准原点 O。

(2) 根据设计要求,确定起始方向,如图 2-16 所示,在起始方向上的任一点 A 上立花杆。

2. 确定点 B 方向

(1) 在点 O 安置经纬仪,瞄准点 A 所在的花杆,如图 2-17 所示。

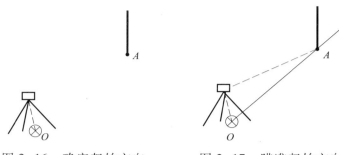

图 2-16 确定起始方向　　　图 2-17 瞄准起始方向

（2）置零　转动手轮,使水平度盘的数值处于 0°附近。

（3）往预定方向转动经纬仪照准部,使水平度盘读数增加 90°。

（4）移动花杆,使得花杆尖脚处于十字丝中心上。

（5）在花杆尖脚做标记,注写为 B_1,如图 2-18 所示。

（6）重复上述步骤,用盘右测得 B_2 位置,如图 2-19 所示。

（7）取 B_1B_2 中间位置为点 B,绘制标记,如图 2-20 所示。所测得的 $\angle AOB$ 就是 90° 水平角。

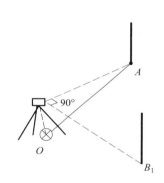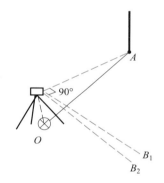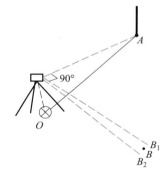

图 2-18 标记盘左终边　　　图 2-19 标记盘右终边　　　图 2-20 确定终边位置

八、检查所测得的角度是否为 90°00′00″

按照测回法,观测所测设的角度是否正确。

（1）在点 O 安置经纬仪,在点 A、B 分别立花杆。

（2）盘左位置瞄准 A 方向,置零并读数,记录读数在表 2-4 中第 4 列。

（3）将经纬仪照准部顺时针转到 B 方向,读数,记录读数在表 2-4 中第 4 列。

（4）将经纬仪照准部转到盘右位置,瞄准点 B,读数,记录读数在表 2-4 中第 4 列。

（5）将经纬仪照准部逆时针转到 A 方向,读数,记录读数在表 2-4 中第 4 列。

（6）完成半测回角值和一测回角值的计算。计算上半测回角值 β_L、下半测回角值 β_R、一测回角值 $\beta=(\beta_L+\beta_R)/2$,记录在表 2-4 中第 5 列、第 6 列。

表 2-4 测回法观测手簿

测站	竖盘位置	目标	水平度盘读数 (° ′ ″)	半测回角值 (° ′ ″)	一测回角值 (° ′ ″)	备注
1	2	3	4	5	6	7

如果对角度的精度要求较高,可选择多测回观测。

知识拓展

一、测回法角度测量

1. 测回法观测水平角的方法

测回法观测水平角适用于观测两个方向之间的夹角。

由于水平度盘是顺时针刻画和注记的,所以在计算水平角时,总是用终边目标的读数减去起始边目标的读数,如果不够减,则应在终边目标的读数上加上 360°,再减去起始边目标的读数,不可以反过来减。

当测角精度要求较高时,需要对一个角度观测多个测回,应根据测回数 n,以 $180°/n$ 的差值,设置水平度盘读数。例如,当测回数 $n = 2$ 时,第一测回的起始方向读数可设置在略大于 0°处;第二测回的起始方向读数可设置在略大于 $180°/2 = 90°$处。各测回角值互差如果不超过 $±40″$(对于 DJ6 型),取各测回角值的平均值作为最后角值,记入相应栏内。

2. 设置水平度盘读数的方法

先转动照准部瞄准起始目标,然后打开度盘变换手轮保险盖,转动手轮直至从读数观察窗看到所需读数,停止转动手轮,把保险盖关上。

二、方向观测法角度测量

方向观测法简称方向法,又称全圆观测法,适用于在一个测站上观测两个以上的方向。

1. 方向观测法的观测方法

如图 2-21 所示,设点 O 为测站点,点 A、B、C、D 为观测目标,用方向观测法观测各方向间的水平角,具体施测步骤如下:

（1）在测站点 O 安置经纬仪,在 A、B、C、D 观测目标处立花杆为观测标志。

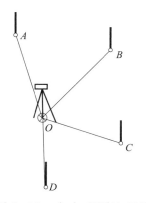

图 2-21 　方向观测法观测

（2）盘左观测也称为上半测回观测。选择一个明显目标 A 作为起始方向(零方向),瞄准零方向 A,置零,读取水平度盘读数,记入表 2-5 第 4 列。

松开水平制动螺旋,顺时针方向旋转照准部,依次照准 B、C、D 各目标,分别读取水平度盘读数,记入表 2-5 第 4 列,为了校核,再次瞄准零方向 A,称为上半测回归零,读取水平度盘读数,记入表 2-5 第 4 列。

A 方向观测了两次,在理论上读数应该是相同的,而实际上并不相同。零方向 A 的两次读数之差的绝对值,称为半测回归零差,归零差 DJ2 仪器不应超过 12″,DJ6 仪器不应超过 18″,如果归零差超限,应重新观测。表 2-5 中,第 1 测站第 1 测回盘左归零差为 0°02′12″-0°02′06″=06″,符合技术指标要求。

（3）盘右观测也称为下半测回观测。按逆时针方向依次照准目标 A、D、C、B、A,并将水平度盘读数由下向上记入表 2-5 第 5 列。

上、下两个半测回称为一测回。为了提高精度,有时需要观测 n 个测回,则各测回起始方向仍按 180°/n 的差值设置水平度盘起始读数。

表 2-5 　方向观测法记录手簿

测站	测回数	目标	水平度盘读数		2C	平均读数 (° ′ ″)	归零后 方向值 (° ′ ″)	各测回 平均值 (° ′ ″)	相邻点 夹角值 (° ′ ″)
			盘左 (° ′ ″)	盘右 (° ′ ″)					
1	2	3	4	5	6	7	8	9	10
O	1	A	0 02 06	180 02 00	+6	(0 02 06) 0 02 03	0 0 0	0 0 0	0 0 0
		B	51 15 42	231 15 30	+12	51 15 36	51 13 30	51 13 28	51 13 28
		C	131 54 12	311 54 00	+12	131 54 06	131 52 00	131 52 02	80 38 34
		D	182 02 24	02 02 24	0	182 02 24	182 00 18	182 00 22	50 08 20
		A	0 02 12	180 02 06	+6	0 02 09	/	/	/
O	2	A	90 03 30	270 03 24	+6	(90 03 32) 90 03 27	0 0 0	/	/
		B	141 17 00	321 16 54	+6	141 16 57	51 13 25	/	/
		C	221 55 42	41 55 30	+12	221 55 36	131 52 04	/	/
		D	272 04 00	92 03 54	+6	272 03 57	182 00 25	/	/
		A	90 03 36	270 03 36	0	90 03 36	/	/	/

2. 方向观测法的计算方法

（1）计算两倍视准轴误差 $2C$ 值

$$2C = 盘左读数 - (盘右读数 \pm 180°)$$

上式中,盘右读数大于 180° 时取"－"号,盘右读数小于 180° 时取"＋"号。计算各方向的 $2C$ 值,填入表 2-5 第 6 列。一测回内各方向 $2C$ 值互差 DJ2 仪器不应超过 18″,DJ6 仪器不应超过 18″。如果超限,应在原度盘位置重测。

（2）计算各方向的平均读数　平均读数又称为各方向的方向值。计算时,以盘左读数为准,将盘右读数加或减 180° 后,和盘左读数取平均值。计算各方向的平均读数,填入表 2-5 第 7 列。起始方向点 A 有两个平均读数,故应再取其平均值,填入表第 7 列上方小括号内。如第 1 测站第 1 测回 $(0°02'03'' + 0°02'09'') / 2 = 0°02'06''$。

（3）计算归零后的方向值　将各方向的平均读数减去起始方向的平均读数（括号内数值）,即得各方向的归零后方向值,填入表 2-5 第 8 列。起始方向有 2 个读数,故其归零后方向值为零。

（4）计算各测回平均值　多测回观测时,同一方向值各测回互差,DJ2 仪器不应超过 12″,DJ6 仪器不应超过 24″。如点 B 在第 1 测回中归零后方向值为 51°13′30″,第 2 测回中归零后方向值为 51°13′25″,互差为 5″,符合技术指标要求。取各测回归零后方向值的平均值,作为该方向的各测回平均值,填入表 2-5 第 9 列。如点 B 各测回平均值为 $(51°13'30'' + 51°13'25'') / 2 = 51°13'28''$。

（5）计算各目标间水平角角值　将表 2-5 第 9 列相邻两方向值相减即可求得,填入表 2-5 第 10 列。

三、水平角观测仪器和精度

水平角观测常用仪器是 DJ6 型光学经纬仪和 DJ2 型光学经纬仪。DJ2 型测角精度较高,常用于国家三、四等三角测量和精密工程测量,可精确到 1″,估读至 0.1″。

 学习检测

一、单选

1. 水平角测量中,上、下半测回角值互差不应大于（　　　）。

A. 10″　　　　　　B. 20″　　　　　　C. 30″　　　　　　D. 40″

2. 经纬仪测量水平角时,应用十字丝瞄准目标的（　　　）。

A. 中部　　　　　　B. 顶部　　　　　　C. 中心　　　　　　D. 底部

3. 经纬仪使用过程中,正确的操作步骤是(　　　)。

A. 安置仪器→对中整平→瞄准目标→读数

B. 安置仪器→瞄准目标→对中整平→读数

C. 安置脚架→对中→瞄准目标→整平→读数

D. 安置脚架→瞄准目标→对中整平→读数

4. 如果一个角要观测三个测回,那么第二测回置零时要调整到(　　　)附近。

A. 30°　　　　　　　B. 45°　　　　　　　C. 60°　　　　　　　D. 90°

5. 下列型号的仪器中,测角精度最高的是(　　　)。

A. DJ07　　　　　　B. DJ1　　　　　　C. DJ2　　　　　　D. DJ6

6. 采用盘左、盘右取中的方法测量角度,主要目的是(　　　)。

A. 提高测角精度　　B. 校正仪器　　　　C. 提高瞄准水平　　D. 提高对中精度

7. 对水平角观测无影响的因素是(　　　)。

A. 地球曲率　　　　B. 光线折射　　　　C. 瞄准目标　　　　D. 竖盘

8. 光学经纬仪对中是调整(　　　),瞄准测站点。

A. 望远镜　　　　　B. 照门　　　　　　C. 光学对中器　　　D. 准星

二、多选

1. 经纬仪由(　　　)组成。

A. 照准部　　　　　B. 度盘　　　　　　C. 基座

D. 望远镜　　　　　E. 对点器

2. 常用于角度测量的仪器有(　　　)。

A. 光学经纬仪　　　B. 电子水准仪　　　C. 电子经纬仪

D. 全站仪　　　　　E. GPS

3. 花杆在测量上常用来(　　　)。

A. 人工定线　　　　B. 定向　　　　　　C. 作为目标点

D. 初步瞄准　　　　E. 担抬工具

三、填空

1. 工程测量常用 DJ6 型光学经纬仪,D 表示＿＿＿＿＿,J 表示＿＿＿＿＿,6 表示＿＿＿＿＿＿

＿＿＿。

2. 角度测量中,经纬仪对中的目的是＿＿＿＿＿＿＿＿＿＿＿＿＿＿＿,整平的目的是＿＿＿＿＿

＿＿＿＿＿＿＿＿＿＿。

3. 经纬仪精平时,为使气泡居中,气泡移动方向始终与＿＿＿＿＿＿＿＿移动方向一致。

4. 经纬仪是测定角度的仪器,它既能观测_____角,又可以观测_____角。

5. 经纬仪由_____、_____、_____三部分组成。

6. 水平角是经纬仪安置在测站点后,所照准两目标的视线在_____投影面上的夹角。

四、技能操作

1. 练习经纬仪对中整平,从打开仪器箱盖开始到精平结束,$T\leqslant90$ s 为优秀,90 s$<T\leqslant120$ s 为良好,120 s$<T\leqslant150$ s 为合格,$T>150$ s 为不合格。

2. 试测设 90°水平角,并检查所测设的角度是否为 90°00′00″,完成表 2-4 的测设工作。

五、计算

用 DJ6 型光学经纬仪进行测回法测量水平角 β,其观测数据记在表 2-6 中,试计算水平角值,并说明盘左与盘右角值之差是否符合要求。在第一测回中,上下半测回角值之差是多少?与限差相差多少?

表 2-6　测回法观测手簿

测回	测站	目标	竖盘位置	读数(° ′ ″)	半测回角值(° ′ ″)	一测回角值(° ′ ″)	平均角值(° ′ ″)	备注
1	O	A	左	00 01 06				
		B	左	78 49 54				
		A	右	180 01 36				
		B	右	258 50 06				
2	O	A	左	90 08 12				
		B	左	168 57 06				
		A	右	270 08 30				
		B	右	348 57 12				

任务 2　测设进深和开间

任务目标

在已测设的方向上截取进深尺寸为 b 和开间尺寸为 a 的轴线尺寸,如图 2-22 所示。

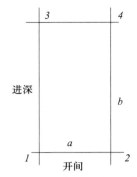

图 2-22　进深、开间示意图

 任务内容

1. 知识点

（1）进深、开间

（2）钢尺丈量的方法

（3）地球曲率对距离测量的影响

2. 技能点

（1）后尺手与前尺手配合量距

（2）确定终点标记

 知识解读

在确定了起始方向和终边方向之后，按照设计尺寸截取进深、开间。在设计中，进深是指建筑物纵深各间的长度，是位于同一直线上相邻两柱中心线间的水平距离，在图纸上通常用英文字母 A、B、C…表示，如图 2-23 所示为三进深；开间是指建筑物的宽度，是相邻两个横墙的定位轴线间的距离，在图纸上通常用阿拉伯数字 1、2、3…表示，如图 2-23 所示为五开间。确定进深、开间最常用的工具是钢尺，通过直线丈量的方法确定具体位置。

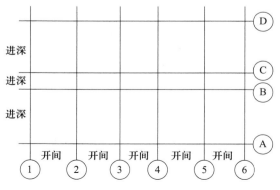

图 2-23　五开间、三进深

一般工程上,在半径为 10 km 范围内进行距离测量时,通常用水平面来代替水准面。因为当距离为 10 km 时,将产生 8 mm 的误差,这在距离测量中是允许的。建筑工程中,距离测量一般不考虑地球曲率的影响。

一、进深、开间测设简述

1. 测设工具

进深、开间测设常用的量距工具有钢尺、测钎、花杆、垂球等。

(1) 钢尺   钢尺是用薄钢片或合金制成的带状尺,因其可卷入盒内,又称为钢卷尺,如图 2-24 所示。

钢尺宽 10~15 mm,长度有 20 m、30 m、50 m 等几种。钢尺的基本刻度为毫米,而米、分米和厘米处有数字标记。钢尺根据零点分画位置不同分为两种:刻线尺和端点尺。零点在尺子前端内部的是刻线尺,如图 2-25 所示;而零点在尺子最外端的是端点尺,如图 2-26 所示。

图 2-24   钢尺

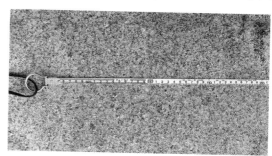

图 2-25   刻线尺

钢尺的优点在于其抗拉强度高,不易拉伸变形,量距精度较高,所以在工程测量中常用钢尺量距。但是钢尺具有脆性且易折断、易生锈,使用时要避免扭折,防止受潮。

(2) 测钎   测钎(图 2-27)一般用钢筋或粗铁丝制成,上部往往弯成小圆环,下部磨尖,直径为 3~4 mm,长度为 30~40 cm。测钎上可涂油漆。在泥地或石子地中量距时可将测钎插入地面用以标定尺段起始点的位置。

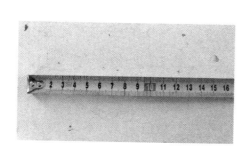

图 2-26   端点尺

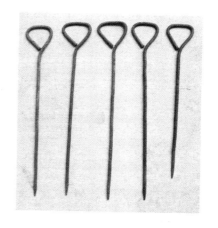

图 2-27   测钎

（3）花杆　花杆又称为测杆，如图2-28所示，多用铝合金制成，直径为3~4 cm，全长为2~3 m。杆上每间隔20 cm用油漆涂成红、白相间的色段，花杆下端装有尖头铁脚以便插入地面，用于标点和定线。

花杆

（4）垂球　如图2-29所示，在量距时，当跨越障碍物而将钢尺凌空时，则用垂球对点定位。

图 2-28　花杆

图 2-29　垂球

2. 测设过程简述

在进深、开间的测设中，当精度要求不高时，从已知点开始，沿给定的方向，用钢尺直接丈量出已知水平距离，定出这段距离的另一端点。为了防止丈量错误和提高精度，应再丈量一次。根据两次丈量时地面点的位置，量取差值，结合设计距离计算量距精度。在平坦地区，若两次丈量的相对误差在1/5 000~1/3 000内，取平均位置作为该端点的最后位置；在量距较困难的地区，其相对误差也不应大于1/1 000。

量距精度通常用相对误差 K 来衡量，相对误差 K 化为分子为1的分数形式。即：

$$K = \frac{\Delta D}{D} = \frac{1}{\dfrac{D}{\Delta D}} \tag{2-1}$$

式中　ΔD——两次量距差值，m；

　　　　D——设计距离或两次量距平均值，m。

相对误差分母越大，则 K 值越小，精度越高；反之，精度越低。

二、测设方法

1. 距离测设的步骤

（1）进深 b（图 2-22）测设。

① 在点 1、13 方向线上的任意点分别立花杆（或测钎），标定起始方向。

② 后尺手持钢尺的零端位于点 1。

③ 前尺手持钢尺的末端沿 13 方向前进，至进深尺寸附近停下，两人都蹲下。

④ 后尺手以手势指挥前尺手将钢尺拉在 13 直线方向上。

⑤ 后尺手将钢尺的零点放置在点 1 上，两人同时将钢尺拉紧、拉平、拉稳。

⑥ 前尺手喊"预备"，后尺手将钢尺零点准确对准点 1，并喊"好"。

⑦ 记录员随即用记号笔在钢尺刻度处做标记，或将花杆（或测钎）竖直插入地面，测得 3 号点位。

（2）开间 a 测设　与进深 b 测设方法相同，测设开间 a。

为了提高测设精度，可变换钢尺起始端刻度在 10 cm 以上多次测量，当精度在允许范围内时取多次定点的平均位置作为最终点位。

2. 注意事项

此方法为一尺长内距离测设的基本方法。测设前，清除直线上的障碍物后，一般由两人拉尺，一人记录并绘画标记。

三、进深、开间测设

1. 测设进深为 7 500 mm

（1）后尺手将钢尺零点对准点 1 处水准标记"⊗"的中心，前尺手往 13 方向拉出钢尺约 7 500 mm。

测设进深和
开间轴线

（2）前尺手和后尺手拉紧钢尺后，前尺手喊"预备"，后尺手将钢尺零点准确对准点 1，并喊"好"。

（3）记录员在 7 500 mm 处做标记并注写 A，如图 2-30 所示。

（4）调整起始端刻度位置到 1 m 处，在 8 500 mm 处做标记并注写 B，如图 2-31 所示。

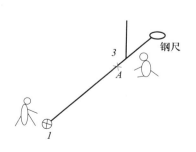

图 2-30　13 方向第一次定点

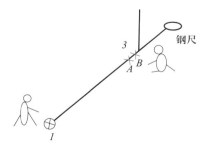

图 2-31　13 方向第二次定点

（5）测量 AB 长度 $\Delta D = 2$ mm，记录在表 2-7 中。

表 2-7 距离测设记录表

测段名称	测设距离/mm	ΔD/mm	K	结论
13	7 500	2	1/3 750	合格
12	3 600	1.5	1/2 400	不合格

（6）计算 K 值是否符合精度要求，$K = \dfrac{\Delta D}{D} = \dfrac{2 \text{ mm}}{7\,500 \text{ mm}} = \dfrac{1}{3\,750} < \dfrac{1}{3\,000}$，合格。

（7）取 AB 中间点作为最终的点 3 位置。

2. 测设开间为 3 600 mm

（1）将钢尺零点对准点 1 处水准标记"⊗"的中心，前尺手往 12 方向拉出钢尺约 3 600 mm。

（2）前尺手和后尺手拉紧钢尺后，行动步骤如前。

（3）记录员在 3 600 mm 处做标记并注写 C，如图 2-32 所示。

（4）将钢尺 2 m 处刻度对准点 1 处水准标记"⊗"的中心，在 12 方向 5 600 mm 处做标记并注写 D，如图 2-33 所示。

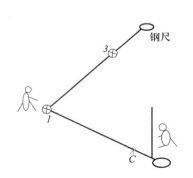

图 2-32 12 方向第一次定点

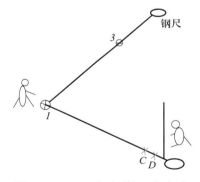

图 2-33 12 方向第二次定点

（5）量取 CD 长度 $\Delta D = 1.5$ mm，记录在表 2-6 中。

（6）计算 K 值是否符合精度要求，$K = \dfrac{\Delta D}{D} = \dfrac{1.5 \text{ mm}}{3\,600 \text{ mm}} = \dfrac{1}{2\,400} > \dfrac{1}{3\,000}$，不合格，应按照步骤（1）～（5）重新测量。

（7）当精度符合要求时，取 CD 中间点作为最终的点 2 位置，如图 2-34 所示。

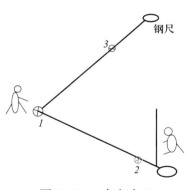

图 2-34 确定点 2

📚 **知识拓展**

钢尺量距一般需要 3 个人,分别是前尺手、后尺手和记录员。距离较长时,用经纬仪辅助,使钢尺处在直线状态。

一、平坦地面上的量距方法

这个方法是测设距离的基本方法。丈量之前可以先在 A、B 两点上竖立花杆(或测钎),标定直线方向,并保证两点间无障碍物影响测量工作,一般由 2 人在两点间一边定线一边丈量,另有 1 人在旁记录,如图 2-35 所示。

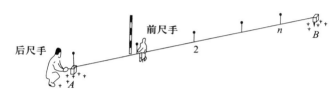

图 2-35　平坦地面的距离丈量

1. 量距步骤

(1)量距时,后尺手持钢尺的零端在点 A 不动,前尺手持钢尺的末端沿 AB 方向前进。并要随身携带木桩、铁锤、记号笔或一束测钎,至小于一尺段长处停下。

(2)后尺手要指挥前尺手将钢尺拉在 AB 直线方向上,使之不发生偏离;后尺手将尺的零点对准点 A,两人同时用力使钢尺保持平直后,记录员读数并记录尺段长度 d_1。

(3)后尺手与前尺手一起抬尺前进,以相同方法丈量后面的几个尺段,直至最后量至点 B。A、B 两点间的水平距离为:

$$D_{AB} = d_1 + d_2 + d_3 + \cdots + d_n \qquad (2-2)$$

式中　D_{AB}——直线 AB 的长度,m;

　　　d_n——各尺段的长度,m。

2. 精度计算

为了防止测量错误和提高测量精度,要求采用往返测量,即应由点 B 量至点 A 进行返测。取往、返所测距离的平均值作为直线 AB 最后的水平距离。即:

$$D_0 = (D_{AB} + D_{BA})/2 \qquad (2-3)$$

式中　D_0——往、返测距离的平均值,m;

　　　D_{AB}——往测由 A 到 B 的距离,m;

　　　D_{BA}——返测由 B 到 A 的距离,m。

量距的精度用相对误差 K 来表示:

$$K = \frac{|D_{AB} - D_{BA}|}{D_0} \tag{2-4}$$

在平地上,钢尺量距的相对误差不应大于 1/3 000,在地形起伏的地方,相对误差不应大于 1/1 000。

【例 2-1】　在平地上用 50 m 长的钢尺往返测量 A、B 两点间的水平距离,测量结果分别为:往测 6 个尺段,分别为 49.501 m、49.432 m、49.302 m、49.523 m、49.323 m、49.286 m;返测 6 个尺段,分别为 49.490 m、49.293 m、49.272 m、49.422 m、49.515 m、49.315 m。计算 A、B 两点间的水平距离 D_0 和相对误差 K,并看是否符合精度要求。

解: D_{AB} = 49.501 m+49.432 m+49.302 m+49.523 m+49.323 m+49.286 m=296.367 m

D_{BA} = 49.490 m+49.293 m+49.272 m+49.422 m+49.515 m+49.315 m=296.307 m

$$D_0 = (D_{AB} + D_{BA})/2 = (296.367 \text{ m} + 296.307 \text{ m})/2 = 296.337 \text{ m}$$

$$K = \frac{|D_{AB} - D_{BA}|}{D_0} = \frac{0.060 \text{ m}}{296.337 \text{ m}} \approx \frac{1}{4\,939} < \frac{1}{3\,000}, \text{符合精度要求。}$$

二、倾斜地面上的量距方法

在倾斜地面上,距离的测量方法有 2 种:平量法和斜量法。

1. 平量法

在倾斜地面上量距时,如果地面起伏不大但是坡度变化不均匀时,可以将钢尺拉平进行测量。如图 2-36 所示,欲测量点 A、B 之间的长度,测量时,后尺手站立于点 A 处,将钢尺的零点对准地面的点 A,并指挥前尺手将钢尺拉在 AB 方向线上以确保方向不发生偏离,同时前尺手要抬高并拉平钢尺,使钢尺保持水平。用垂球在地面上进行投点,再插下花杆(或测钎)进行标记,记录数据。若距离较长,则使用此法分段测量。各段测量结果之和就是 A、B 两点间的往测距离。然后再进行返测。由于地形关系,往、返测量都需遵照由高向低测量的原则。最后进行计算,若精度符合要求,则取两者的平均值作为最后结果。

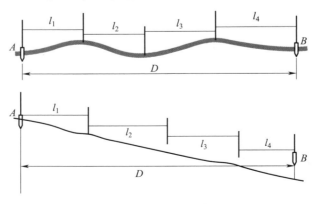

图 2-36　平量法

2. 斜量法

当倾斜地面的坡度比较均匀时,如图 2-37 所示,可以沿倾斜地面测量出 A、B 两点间的斜距 S,再测出两点间的倾斜角 α,或测量出两点的高差 h,然后利用三角函数计算 AB 的水平距离 D,即:

$$D = S \times \cos \alpha \quad 或 \quad D = \sqrt{S^2 - h^2} \tag{2-5}$$

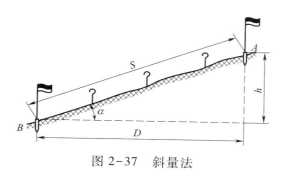

图 2-37　斜量法

 **知识要点**

1. 钢尺测设水平距离

从已知点开始,沿给定的方向,用钢尺直接丈量出已知水平距离,定出这段距离的另一端点。为了防止丈量错误和提高精度,应再丈量一次。根据两次丈量的差值和设计距离计算测量精度。

2. 钢尺丈量的精度

在平坦地区,若两次丈量的相对误差在 1/5 000~1/3 000 内,取平均位置作为端点的最后位置;在量距较困难的地区,其相对误差不应大于 1/1 000。

3. 钢尺丈量一般需要 3 个人

1 个前尺手,1 个后尺手,1 个记录员。在人员充足的情况下,可增加立花杆(或测钎)的人员。

 学习检测

一、单选

1. 在平坦地区进行距离测量时,两次丈量的相对误差应满足(　　),才能取平均位置作为该端点的最后位置。

A. 1/5 000~1/3 000 　　　　B. 1/3 000 以上

C. 1/5 000 以内 　　　　D. 1/1 000 以上

2. 对一距离进行往、返丈量,其值分别为 72.365 m 和 72.353 m,则其相对误差为(　　　)。

A. 1/6 030　　　　　B. 1/6 029　　　　　C. 1/6 028　　　　　D. 1/6 027

3. 工程上为了简化研究,在距离测量时通常用水平面来代替(　　　),当距离在 10 km 时,将产生 8 mm 的误差,这在距离测量中是允许的。

A. 水准面　　　　　B. 铅垂面　　　　　C. 地球表面　　　　　D. 子午面

4. 距离丈量的结果是求得两点间的(　　　)。

A. 斜线距离　　　　B. 水平距离　　　　C. 折线距离　　　　D. 高差

5. 在距离测量时通常用水平面来代替水准面,当距离在 10 km 时,将产生(　　　)mm 的误差。

A. 3　　　　　　　　B. 5　　　　　　　　C. 8　　　　　　　　D. 12

二、多选

1. 距离测量的工具有(　　　)。

A. 钢尺　　　　　　B. 花杆　　　　　　C. 垂球

D. 测钎　　　　　　E. 水准尺

2. 钢尺根据尺的零点分画位置不同有(　　　)。

A. 端点尺　　　　　B. 刻线尺　　　　　C. 皮尺

D. 卷尺　　　　　　E. 直尺

3. 花杆又称为测杆,主要用于(　　　)。

A. 量距　　　　　　B. 标点　　　　　　C. 测角

D. 定线　　　　　　E. 定向

4. 测量 AB 两点之间的距离,D_0 表示往返平均值,ΔD 表示往返差值,精度 K 的表达式正确的有(　　　)。

A. $K = \dfrac{|D_{AB} - D_{BA}|}{D_0}$　　　　B. $K = \dfrac{D_0}{\Delta D}$　　　　C. $K = \dfrac{1}{\dfrac{D_0}{\Delta D}}$

D. $K = \dfrac{\Delta D}{D_0}$　　　　E. $K = \dfrac{1}{\dfrac{D_0}{|D_{AB} - D_{BA}|}}$

三、填空

1. 在距离测量时,当跨越障碍物而将钢尺凌空时,则用_____对点定位。

2. 花杆又称为测杆,多用铝合金制成,直径 3~4 cm,全长_____,花杆下端装有尖头铁脚以便插入地面,用于标点和_____。

3. 为了提高测设精度,可变换钢尺起始端刻度在_____以上多次测量,当精度在允许范围内时取多次定点的平均位置作为最终点位。

4. 端点尺是以尺的_____作为零点,刻线尺是以尺的前端标注_____作为零线。

5. 一般由两人_____,一人_____并绘画标记。

四、计算

丈量两段距离,一段往测为 126.78 m,返测为 126.68 m,另一段往测、返测分别为 357.23 m 和 357.33 m。哪一段丈量的结果比较精确?为什么?两段距离丈量的结果各等于多少?

五、简答

简述距离测量的步骤。

六、技能操作

用钢尺测量上课教室的开间和进深。测得开间_____ m,进深_____ m。

任务 3　轴线交点位置复核

图 2-38 所示为平面轴网示意图。

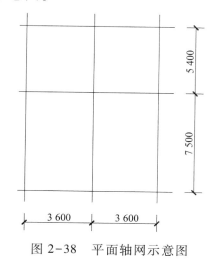

图 2-38　平面轴网示意图

任务目标

1. 在独立坐标系下，计算各轴线交点的坐标。

2. 用全站仪测量各轴线交点的坐标，比较测量值与理论值。

任务内容

1. 知识点

（1）坐标系种类

（2）坐标方位角

2. 技能点

（1）建立独立坐标系并计算各点坐标

（2）判断直线与标准方向的角度是否正确

（3）全站仪测站点坐标、后视点坐标设置

（4）全站仪坐标测量

知识解读

测设各轴线的交点后，按照要求应对各交点位置进行复核。复核前应建立独立坐标系并计算各交点的坐标理论值，用全站仪测取各交点的坐标测量值，比较测量值与理论值是复核测量结果的常用方法之一。

一、平面直角坐标系的种类

平面直角坐标系主要有高斯平面直角坐标系和独立平面直角坐标系两种。

1. 高斯平面直角坐标系

利用高斯投影法建立的平面直角坐标系称为高斯平面直角坐标系。在广大区域内确定点的平面位置，一般采用高斯平面直角坐标。

高斯投影法 6°带是以英国格林尼治天文台所在的子午线为起始点，每隔 6°将地球表面平均划分成 60 个带，称为 6°投影带；每隔 3°将地球表面划分成 120 个带，称为 3°投影带。然后将每带投影到平面上，位于各带中央的子午线称为中央子午线，如图 2-39 所示。

以中央子午线的投影为高斯平面直角坐标系的纵坐标轴，记作 x 轴，向北为正；赤道的投影为高斯平面直角坐标系的横坐标轴，记作 y 轴，向东为正；两坐标轴的交点为坐标原点 O。由此建立了高斯平面直角坐标系,如图 2-40 所示。

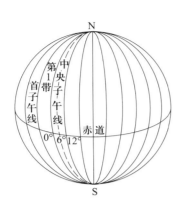

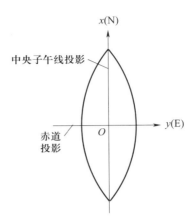

图 2-39　高斯平面直角坐标的分带　　　图 2-40　高斯平面直角坐标系

2. 独立平面直角坐标系

当测区范围较小时,可以用测区中心点 A 所在的水平面来代替大地水准面,如图 2-41 所示。在这个平面上建立的测区平面直角坐标系称为独立平面直角坐标系。在局部区域内确定点的平面位置,可以采用独立平面直角坐标。

如图 2-41 所示,在独立平面直角坐标系中,规定南北方向为纵坐标轴,记作 x 轴,向北为正,向南为负;以东西方向为横坐标轴,记作 y 轴,向东为正,向西为负;坐标原点 O 一般选在测区的西南角,使测区内各点的 x、y 坐标均为正值;坐标象限按顺时针方向编号,如图 2-42 所示,其目的是便于将数学中的公式直接应用到测量计算中,而不需作任何变更。

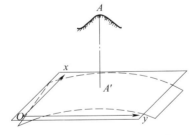

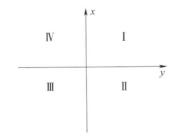

图 2-41　独立平面直角坐标系　　　图 2-42　象限顺序

二、全站仪测量坐标和放样

1. 全站仪(TKS-202)各部件及功能简介

(1) 全站仪各部件名称及功能　全站仪(TKS-202)各部件名称如图 2-43 所示,各部件的功能如下:

① 仪器把手　手持仪器的部位。

② 粗瞄器　初步瞄准目标。

全站仪认知和对
中整平基本操作

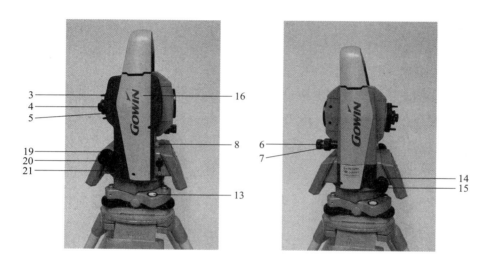

图 2-43   全站仪（TKS-202）

1—仪器把手；2—粗瞄器；3—望远镜把手；4—目镜；5—望远镜调焦螺旋；6—垂直制动螺旋；7—垂直微动螺旋；
8—管水准器；9—显示屏；10—基座；11—脚螺旋；12—底板；13—圆水准器；14—水平制动螺旋；15—水平微动螺旋；
16—电池；17—电池锁按钮；18—物镜；19—光学对中器调焦螺旋；20—光学对中器；21—通信接口

③ 望远镜把手   转动望远镜的手持部位。

④ 目镜   观察目标的窗口，并调节十字丝清晰度。

⑤ 望远镜调焦螺旋   调节目标清晰度。

⑥ 垂直制动螺旋   望远镜上下转动的控制螺旋。顺时针转动则制动。

⑦ 垂直微动螺旋   制动后上下微动精确瞄准目标的控制螺旋。

⑧ 管水准器   全站仪精确整平的参考指标。

⑨ 显示屏   显示操作结果及过程提示。

⑩ 基座   放置上部结构。

⑪ 脚螺旋   调节仪器初平或精平。

⑫ 底板   与脚架连接。

⑬ 圆水准器　用于全站仪初步整平。

⑭ 水平制动螺旋　望远镜左右转动的控制螺旋。顺时针转动则制动。

⑮ 水平微动螺旋　制动后左右微动精确瞄准目标的控制螺旋。

⑯ 电池　为全站仪提供能源。

⑰ 电池锁按钮　连接仪器与电池。往里按则取出电池。

⑱ 物镜　对目标第一次放大。

⑲ 光学对中器调焦螺旋　调节光学对中器的对中标志清晰度。

⑳ 光学对中器　观察水准点并调节水准点清晰度。

㉑ 通信接口　通过数据线与计算机等连接,导出测量数据。

（2）操作面板功能介绍　全站仪(TKS-202)操作面板如图 2-44 所示。

图 2-44　全站仪(TKS-202)操作面板

① ▢▢▢▢:功能键,对应上方屏幕软件信息选择相应的按键完成相应的功能。

② ▢:电源键,按一下开机,长按后关机。

③ ▢:星键,全站仪各参数设置。

④ ▢:坐标测量键(左移键),进入坐标测量模式。

⑤ ▢:菜单键(右移键),菜单模式与测量模式切换。

⑥ ▢:距离测量键(上移键),进入距离测量模式。

⑦ ▢:角度测量键(下移键),进入角度测量模式。

⑧ ▢:退出键,返回上一级状态或返回测量模式。

⑨ ▢:回车键,操作确认。

⑩ ▢:数字键(字母键)。

（3）显示屏各符号内容　显示屏各符号内容见表 2-8。

表 2-8　显示屏各符号内容

显示符号	内容
V%	垂直角(坡度显示)

续表

显示符号	内容
HR	水平角(右角)
HL	水平角(左角)
HD	水平距离
VD	高差
SD	倾斜
N	北向坐标
E	东向坐标
Z	高程
*	EDM(电子测距)正在进行
m	以米为单位
ft	以英尺为单位
fi	以英尺与英寸为单位

2. 全站仪测量坐标

使用全站仪时,主要工作是把全站仪的位置和方向融入用户坐标系(用户坐标系可以是施工坐标系,也可以是独立坐标系)中。只要将测站点坐标和后视点坐标输入全站仪即可完成初始设置,然后开始测量各点坐标。

全站仪测量坐标时可以将两个已知坐标点作为仪器安置点(测站点)和棱镜安置点(后视点)。其中一个点选择在原点(0,0)处,另一个点选择在 x 轴或 y 轴上的一点,也可以选择同一坐标系下的任意两个点。根据全站仪显示屏提示,测量坐标的设置步骤为:

(1)在一个已知点处安置棱镜,这个点称为后视点。

(2)在另一个已知点处安置全站仪,这个点称为测站点。

(3)输入测站点坐标、仪器高。

(4)瞄准后视点,输入后视点坐标、棱镜高。

(5)判断起始边方位角所在象限是否正确。

(6)照准目标点棱镜,按坐标测量键,全站仪开始测量各点的坐标。

当不需要测量高程或高差时,仪器高、棱镜高可忽略设定。

3. 全站仪放样

用全站仪测设轴线各交点坐标。测设又称为放样,把各点坐标通过全站仪在地面上标定出来。点位测设还有钢尺经纬仪法。目前全站仪测设较为普遍,其步骤如下:

(1)建立起始方向,在菜单中输入测站点和后视点坐标,也可以通过测站点和起始方向确定。

（2）判断坐标方位角所在象限是否正确。

（3）输入待测点坐标，确认后显示夹角差 dHR 和距离差 dHD。

（4）转动全站仪照准部，使夹角差 dHR 归零，就是零方向。

（5）在零方向上移动棱镜，直至显示距离差 dHD 为零，就是零距离。dHD 为正值表示棱镜背离测站点方向运动，dHD 为负值表示棱镜向测站点方向运动。

在确定距离的过程中，棱镜在零方向上前后移动，最后停在零距离处，点位确定的过程需要反复进行，团队配合完成。

三、方位角

方位角用于确定直线与标准方向之间的关系。在测量中，确定地面上两点之间的相对位置，除了需要测定两点之间的水平距离外，还需要确定两点所连直线的方向。一条直线的方向，是根据其与标准方向形成的夹角来确定的。

1. 标准方向

（1）真子午线方向　通过地球表面某点的真子午线的切线方向，称为该点的真子午线方向。真子午线方向可用天文测量方法测定。

（2）磁子午线方向　磁子午线方向是在地球磁场作用下，磁针在某点自由静止时其轴线所指的方向。磁子午线方向可用罗盘仪测定。

（3）坐标纵轴方向　在高斯平面直角坐标系中，坐标纵轴线方向就是地面点所在投影带的中央子午线方向。在同一投影带内，各点的坐标纵轴线方向是彼此平行的。

2. 方位角

测量工作中，常采用方位角表示直线的方向，如图 2-45 所示。从直线起点的标准方向北端起，顺时针方向量至该直线的水平夹角，称为该直线的方位角。方位角取值范围是 0°～360°。因标准方向有真子午线方向、磁子午线方向和坐标纵轴方向之分，对应的方位角分别称为真方位角（用 A 表示）、磁方位角（用 A_m 表示）和坐标方位角（用 α 表示）。

在施工测量中，通常以坐标方位角（用 α 表示）表示直线的方向，简称为方位角。

3. 坐标方位角的表示方法

直线 AB 与坐标纵轴方向的关系用坐标方位角 α_{AB} 或 α_{BA} 表示。

如图 2-46 所示，α_{AB} 表示直线 AB，以点 A 为起点，以点 B 为终点，以点 A 所在的标准方向的正北方向为起始方向，顺时针转到点 B 处所形成的角，也表示直线 AB 与标准方向的夹角。α_{BA} 表示直线 BA，以点 B 为起点，以点 A 为终点，以点 B 所在的标准方向的正北方向为起始方向，顺时针转到点 A 处所形成的角，也表示直线 BA 与标准方向的夹角。

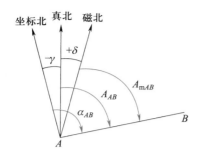

图 2-45 建立独立直角坐标系

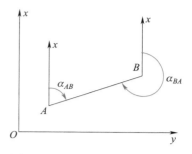

图 2-46 坐标方位角示意图

表示一个坐标方位角有三要素：正北方向，有箭头和 x 注记；角度方向，有弧形标记和箭头；角度名称，如 α_{AB} 等。

四、坐标值计算和测量

1. 建立坐标系

（1）以①轴为 x 轴，以Ⓐ轴为 y 轴，以①轴和Ⓐ轴交点为坐标原点，建立坐标系，如图 2-47 所示。

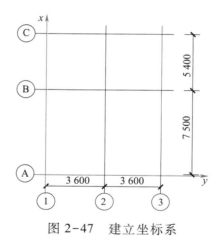

图 2-47 建立坐标系

轴线位
置校核

（2）根据开间、进深的尺寸，计算各交点的坐标，填写在表 2-9 中。

表 2-9　坐标复核表

点号	计算坐标值		实测坐标值		偏差值	
	x	y	X	Y	Δx	Δy
1	2	3	4	5	6	7
Ⓐ①	0	0				
Ⓐ②	0	3 600				
Ⓐ③	0	7 200				

续表

点号	计算坐标值		实测坐标值		偏差值	
	x	y	X	Y	Δx	Δy
Ⓑ①	7 500	0				
Ⓑ②	7 500	3 600				
Ⓑ③	7 500	7 200				
Ⓒ①	12 900	0				
Ⓒ②	12 900	3 600				
Ⓒ③	12 900	7 200				

2. 测量各交点坐标

（1）在坐标原点（Ⓐ轴和①轴交点）安置全站仪，如图 2-48 所示。

（2）在Ⓒ轴和①轴交点安置棱镜，全站仪瞄准棱镜，如图 2-49 所示。

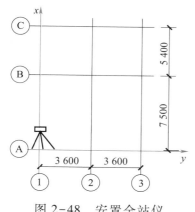

图 2-48　安置全站仪

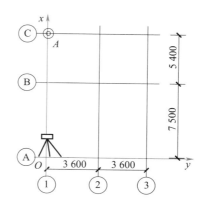

图 2-49　安置后视点棱镜

（3）输入测站点名称 O 及坐标（0,0），输入后视点 A 的坐标（12 900,0）。

（4）在其他各交点分别安置棱镜，转动全站仪照准部，分别瞄准各点棱镜，测量坐标值，如图 2-50 所示。

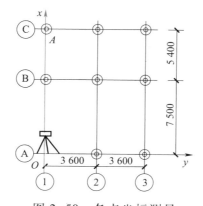

图 2-50　各点坐标测量

（5）在表2-10中记录各点坐标的测量值。

（6）计算偏差,见表2-10第6、第7列。

表2-10　坐标复核记录表

点号	计算坐标值		实测坐标值		偏差值	
	x	y	X	Y	Δx	Δy
1	2	3	4	5	6	7
Ⓐ①	0	0	0	0	0	0
Ⓐ②	0	3 600	6	3 603	6	3
Ⓐ③	0	7 200	5	7 204	5	4
1	2	3	4	5	6	7
Ⓑ①	7 500	0	7 505	3	5	3
Ⓑ②	7 500	3 600	7 504	3 606	4	6
Ⓑ③	7 500	7 200	7 503	7 208	3	8
Ⓒ①	12 900	0	12 900	0	0	0
Ⓒ②	12 900	3 600	12 907	3 605	7	5
Ⓒ③	12 900	7 200	12 905	7 206	5	6

 知识要点

一、平面直角坐标系

1. 高斯平面直角坐标系

常用于大范围测量。根据使用要求分为6°带和3°带。将每带投影到平面上,以中央子午线方向建立 x 轴,以赤道方向建立 y 轴,以两轴交点为坐标原点。坐标原点向上、向右为正,向下、向左为负。

2. 独立平面直角坐标系

常用于小范围测量,在工程中使用广泛。在独立平面直角坐标系中,规定南北方向为纵坐标轴,记作 x 轴,向北为正,向南为负;东西方向为横坐标轴,记作 y 轴,向东为正,向西为负;坐标原点 O 一般选在测区的西南角,使测区内各点的 x、y 坐标均为正值;坐标象限按顺时针方向编号。

二、全站仪测量坐标

全站仪是智能测量设备,可用于高程、角度、距离、坐标的测定和测设,延伸出悬高测量、对

边测量、面积测量、偏心测量等,广泛应用于工程中。主要操作步骤:

（1）输入测站点坐标、仪器高。

（2）输入后视点坐标、棱镜高。

（3）判断起始边方位角是否正确。

（4）照准目标点棱镜,测量各点的坐标。

三、坐标方位角

主要表示直线与标准方向的夹角,取值范围 0°~360°,用 α 表示。

 学习检测

一、单选

1. 赤道的投影为高斯平面直角坐标系的横坐标轴(y 轴),向东为(　　　)。

A. 正　　　　　　　　　　　　　　B. 负

C. 正、负都可以　　　　　　　　　D. 按照地区确定正负

2. 利用高斯投影法建立的平面直角坐标系称为(　　　)。

A. 高斯平面直角坐标系　　　　　　B. 直角坐标系

C. 独立平面坐标系　　　　　　　　D. 用户坐标系

3. 从直线起点的标准方向北端起,顺时针方向量至该直线的水平夹角,称为该直线的(　　　)。

A. 方位角　　　　B. 真方位角　　　　C. 磁方位角　　　　D. 坐标方位角

二、多选

1. 平面直角坐标系的种类有(　　　)。

A. 高斯平面直角坐标系　　　　　　B. 独立平面直角坐标系

C. 施工坐标系　　　　　　　　　　D. 独立坐标系

E. 小地区坐标系

2. 关于独立平面直角坐标系,下列说法正确的是(　　　)。

A. 规定南北方向为纵坐标轴,记作 x 轴,x 轴向北为正,向南为负

B. 规定东西方向为横坐标轴,记作 y 轴,y 轴向东为正,向西为负

C. 规定南北方向为纵坐标轴,记作 y 轴,y 轴向北为正,向南为负

D. 规定东西方向为横坐标轴,记作 x 轴,x 轴向东为正,向西为负

E. 规定东西方向为横坐标轴,记作 x 轴,x 轴向东为负,向西为正

3. 全站仪的主要技术指标有(　　　)。

A. 最大测程   B. 测距标称精度

C. 测角精度   D. 放大倍率

E. 自动化和信息化程度

4. 全站仪除能自动测距、测角外,还能快速完成一个测站所需完成的工作,包括(　　　)。

A. 计算平距、高差   B. 计算三维坐标

C. 按水平角和距离进行放样   D. 按坐标进行放样

E. 将任一方向的水平角置为 $0°00'00''$

5. 全站仪由(　　　)组成。

A. 光电测距仪   B. 电子经纬仪

C. 多媒体计算机数据处理系统   D. 高精度的光学经纬仪

E. 卫星导航系统

三、填空

1. 中央子午线的投影为高斯平面直角坐标系的＿＿＿＿＿＿＿轴,向北为正。

2. 平面直角坐标系分为＿＿＿＿＿＿＿＿＿和＿＿＿＿＿＿＿＿＿。

3. 平面直角坐标系中南北方向为＿＿＿＿＿＿轴,东西方向为＿＿＿＿＿＿轴。

4. 方位角是确定直线与＿＿＿＿＿＿之间的关系,用字母＿＿＿＿＿＿表示的角度。

5. 表示方位角的三个要素为＿＿＿＿＿、＿＿＿＿＿、＿＿＿＿＿。

6. 当测区范围较小时,可以用测区中心点 A 所在的水平面来代替＿＿＿＿＿＿＿＿,在这个平面上建立的测区平面直角坐标系称为独立平面直角坐标系。

7. 在施工测量中,通常以＿＿＿＿＿＿＿＿表示直线的方向,简称为方位角。方位角取值范围是＿＿＿＿＿＿。

8. 高斯投影法 6°带是以英国格林尼治天文台所在的子午线为起始点,每隔 6°将地球表面平均划分成＿＿＿＿＿＿个带。

📖**导读**

图 3-1 所示为卫星拍摄的某教学楼俯视图。教学楼底层平面图测绘是对独立一栋楼沿地面部分和周边绿化的测绘,包含导线控制点选择、控制点测量、导线坐标计算、控制点展点、碎部测量、绘图。所绘平面图可作为校园平面图的一部分,供指路、标定、后期规划等使用。

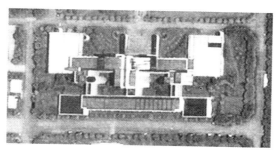

图 3-1 卫星拍摄的某教学楼俯视图

任务 1 控制点设置

图 3-2 所示为导线控制点设置示意图。

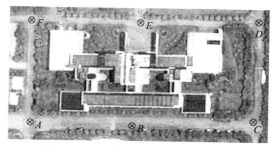

图 3-2 导线控制点设置示意图

🎓**任务目标**

1. 在教学楼四周一定范围内选择控制点,组成导线。要求控制点数量合适、位置恰当。
2. 建立标记。

任务内容

1. 知识点
（1）水准点标记种类、用途
（2）导线布设形式
（3）控制点设置原则（数量、位置）
2. 技能点
（1）选择控制点
（2）选择导线形式

 **知识解读**

一、控制测量的概念

在测区范围内选择若干有控制意义的控制点，按一定的规律和要求构成网状几何图形，称为控制网。控制网分为平面控制网和高程控制网。平面控制网主要用于确定平面位置(x,y)，而高程控制网主要用于确定点与大地水准面的相对位置。同一组控制点，赋予平面坐标就是平面控制网；赋予高程数值就是高程控制网；两者都赋予较为常见。

二、导线测量

导线测量是建立小地区平面控制网常用的一种方法，特别是在地物分布复杂的建筑区、视线障碍较多的隐蔽区和带状地区，多采用导线测量的方法。将测区内相邻控制点用直线连接而构成的折线图形称为导线。构成导线的控制点称为导线点。导线测量就是依次测定各导线边的长度和各转折角，再根据已知数据，推算出各边的坐标方位角，从而计算出各导线点的坐标。

用经纬仪测量转折角，用钢尺测定导线边长的导线，称为经纬仪导线；若用光电测距仪测定导线边长，则称为光电测距仪导线，简称光电导线。

三、导线的布设形式

1. 闭合导线

如图3-3所示，导线从已知控制点A和已知方向α_{AB}出发，经过点1、2、3、4，最后回到起点A，形成一个闭合多边形，这样的导线称为闭合导线。闭合导线本身存在着严密的几何条件，具有检核观测成果的作用。

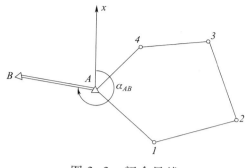

图 3-3　闭合导线

2. 附合导线

如图 3-4 所示,导线从已知控制点 A 和已知方向 α_{AB} 出发,经过点 1、2、3,最后附合到另一已知点 C 和已知方向 α_{CD} 上,这样的导线称为附合导线。这种布设形式具有检核观测成果的作用。

3. 支导线

如图 3-5 所示,从一已知控制点 A 和已知方向 α_{AB} 出发,经过点 1、2,最后既不附合到另一已知点,又不回到起点,这样的导线称为支导线,其中,1、2 为支导线点。

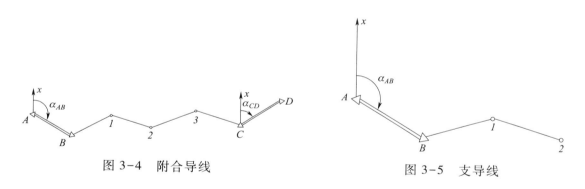

图 3-4　附合导线　　　　　　　　　　图 3-5　支导线

四、导线测量的技术要求

导线测量包括经纬仪导线测量和光电导线测量。导线测量的主要技术要求见表 3-1。

表 3-1　导线测量的主要技术要求

等级	导线长度/km	平均边长/km	测角中误差/″	测距中误差/mm	测距相对中误差	测回数			方位角闭合差/″	导线全长相对闭合差
						1″级仪器	2″级仪器	6″级仪器		
三等	14	3	1.8	20	1/150 000	6	10	—	$3.6\sqrt{n}$	≤1/55 000
四等	9	1.5	2.5	18	1/80 000	4	6	—	$5\sqrt{n}$	≤1/35 000

续表

等级	导线长度/ km	平均边长/ km	测角中误差/ "	测距中误差/ mm	测距相对中误差	测回数 1"级仪器	测回数 2"级仪器	测回数 6"级仪器	方位角闭合差/ "	导线全长相对闭合差
一级	4	0.5	5	15	1/30 000	—	2	4	$10\sqrt{n}$	≤1/15 000
二级	2.4	0.25	8	15	1/14 000	—	1	3	$16\sqrt{n}$	≤1/10 000
三级	1.2	0.1	12	15	1/7 000	—	1	2	$24\sqrt{n}$	≤1/5 000

注:1. 表中 n 为测站数。

2. 当测区测图的最大比例尺为 1:1 000 时,一、二、三级导线的导线长度、平均边长可适当放长,但最大长度不应大于表中规定相应长度的 2 倍。

五、控制点设置原则

1. 控制点的设置

设置控制点是为了将测量区域(测区)划分成若干范围,当仪器安置于一点时能有效测量本范围内的地物地貌。这就构成了碎部测量,再将各碎部连成整体形成测量成果。在设置控制点时,应考虑控制点所能测量到的目标范围尽量广泛。

图 3-6 中,控制点 B 的范围包括了控制点 1、2。控制点 2 范围太小,在全部控制点中位置是最差的。A、B、C 三个控制点能互相通视,范围广,符合选取要求。

2. 控制点设置注意事项

控制点选点时应注意下列事项:

(1) 相邻点间应相互通视良好,地势平坦,便于测角和量距。

(2) 点位应选在土质坚实、便于安置仪器和保存标志的地方。

(3) 控制点应选在视野开阔的地方,便于碎部测量。

(4) 导线边长应大致相等,其平均边长应符合表 3-1 的要求。

(5) 控制点应有足够的密度,分布均匀,便于控制整个测区。

六、控制点设置步骤

1. 踏勘选点

在选点前,应先收集测区已有地形图和已有高级控制点的成果资料,将高级控制点展绘在原有地形图上,然后在地形图上拟定导线布设方案,最后到现场踏勘,核对、修改、落实控制点的位置,并建立标志。

2. 建立标志

(1) 临时性标志选定　确定控制点位置后,要在每一点位上打一个木桩,在桩顶钉一小钉,作为点的标志,也可在水泥地面上用红漆画水准标记"⊗"作为临时性标志,如图 3-7 所示。

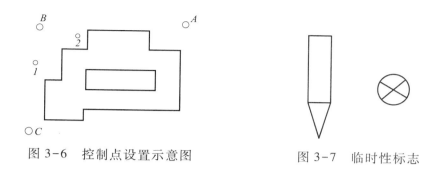

图 3-6 控制点设置示意图   图 3-7 临时性标志

(2)永久性标志 需要长期保存的控制点应埋设混凝土桩,如图 3-8 所示。桩顶嵌入带 "+"字的金属标志,作为永久性标志。

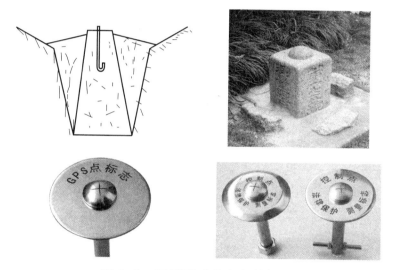

图 3-8 不同形式的永久性标志

3. 绘制草图

控制点应统一编号。在地物较复杂的地区,为了便于寻找,应量出控制点与附近明显地物的距离,绘出草图,注明尺寸,该图称为"点之记",如图 3-9 所示。

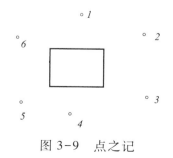

图 3-9 点之记

七、教学楼控制点设置

1. 踏勘选点,建立标志

(1)了解校园控制点的设置,记录本区域的可用控制点,如图 3-10 所示。图中点 1、2 为校园一级导线控制点。

控制点设置

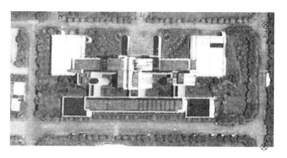

图 3-10　校园一级导线控制点

(2)沿教学楼勘察一周,确定教学楼特征点的位置和分布情况,如图 3-11 所示。

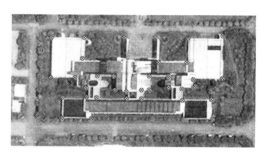

图 3-11　教学楼特征点

(3)在地面上用水准专用标记"⊗"绘控制点并注写点名,如图 3-12 所示。

2. 绘点之记

绘制的教学楼点之记如图 3-13 所示。

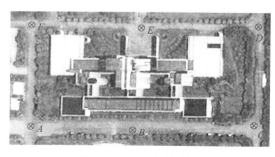

图 3-12　确定控制点

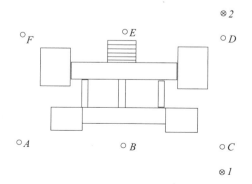

图 3-13　教学楼点之记

知识拓展

控制网

控制网有国家控制网、城市控制网和小地区控制网等。

1. 国家控制网

在全国范围内建立的控制网称为国家控制网。它是全国各种比例尺测图的基本控制,并为确定地球形状和大小提供研究资料。国家控制网是用精密测量仪器和方法,依照施测精度按一、二、三、四等四个等级建立的,它的低级点受高级点逐级控制。

国家平面控制网主要布设成三角网,采用三角测量的方法。如图 3-14 所示,一等三角网(又称一等三角锁)是国家平面控制网的骨干;二等三角网布设于一等三角锁环内,是国家平面控制网的全面基础;三、四等三角网为二等三角网的进一步加密。

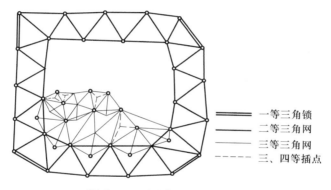

图 3-14　国家平面控制网

国家高程控制网布设成水准网,采用精密水准测量的方法建立。如图 3-15 所示,一等水准网是国家高程控制网的骨干;二等水准网布设于一等水准网内,是国家高程控制网的全面基础;三、四等水准网为国家高程控制网的进一步加密。

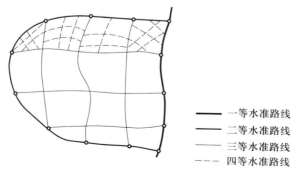

图 3-15　国家高程控制网

2. 城市控制网

在城市地区,为测绘大比例尺地形图、进行市政工程和建筑工程放样,在国家控制网的控制下建立的控制网称为城市控制网。

城市平面控制网分为二、三、四等和一、二级小三角网,或一、二、三级导线网。最后,再布设直接为测绘大比例尺地形图所用的图根小三角和图根导线。

城市高程控制网分为二、三、四等,在四等以下再布设直接为测绘大比例尺地形图所用的图根水准测量网。

直接供地形测图使用的控制点称为图根控制点,简称图根点。测定图根点位置的工作称为图根控制测量。图根控制点的密度(包括高级控制点)取决于测图比例尺和地形的复杂程度。平坦开阔地区图根点的密度一般不低于表3-2的规定;地形复杂地区、城市建筑密集区和山区,可适当加大图根点的密度。

表 3-2 图根点的密度

测图比例尺	1 : 500	1 : 1 000	1 : 2 000	1 : 5 000
图根点密度/(点/km^2)	150	50	15	5

3. 小地区控制网

在面积小于 15 km^2 范围内建立的控制网称为小地区控制网。

建立小地区控制网时,应尽量与国家(或城市)已建立的高级控制网联测,将高级控制点的坐标和高程,作为小地区控制网的起算和校核数据。如果周围没有国家(或城市)控制点,或附近有国家(或城市)控制点而不便联测时,可以建立独立控制网。此时,控制网的起算坐标和高程可自行假定,坐标方位角可用测区中央的磁方位角代替。

小地区平面控制网应根据测区面积的大小按精度要求分级建立。在全测区范围内建立的精度最高的控制网称为首级控制网;直接为测图而建立的控制网称为图根控制网。首级控制网和图根控制网的关系见表3-3。

表 3-3 首级控制网和图根控制网的关系

测区面积/km^2	首级控制网	图根控制网
2~10	一级小三角或一级导线	两级图根
0.5~2	二级小三角或二级导线	两级图根
0.5 以下	图根控制	

小地区高程控制网也应根据测区面积大小和工程要求采用分级的方法建立。在全测区范围内建立三、四等水准路线和水准网,再以三、四等水准点为基础,测定图根点的高程。

 **知识要点**

一、导线布设形式

1. 闭合导线

从已知控制点和已知方向出发,经过若干个控制点构成的一个多边形线路,回到已知控制点形成的测量路线,称为闭合导线。

2. 附合导线

从两个已知控制点构成的起始边出发,经过若干个控制点,最后连接到另外两个已知控制点构成的终边形成的测量路线,称为附合导线。

3. 支导线

从一个已知控制点出发,经过 1 或 2 个点,往返测量回到已知控制点形成的测量路线,称为支导线。

二、控制点设置步骤

1. 踏勘选点

了解测区范围内的地物地貌和建筑物的特征点,根据控制点设置要求选取若干个合适的控制点。

2. 建立标志

根据地面土质状况和使用时间的长短,建立永久性标志、临时性标志。根据材质不同可选用钢筋混凝土、木材、不锈钢,也可用记号笔直接在地面上绘画。

3. 绘制草图

为了便于寻找,建立档案,需要将测区范围内的地物地貌、建筑物轮廓绘下,再将控制点位置在图中标记出来。

学习检测

一、填空

1. 由控制点组成的几何图形,称为_____。

2. 导线测量是依次测定_____和_____,再根据已知数据,推算出各边的坐标方位角,从而计算出各导线点的坐标。

3. 导线的布设形式一般有_____、_____、_____三种。

4. 导线测量的外业工作主要包括：_____、_____、_____、_____。

5. 建立的标志有_____和_____两种。

二、单选

1. 导线测量是利用导线测量的方法测定图根控制点(　　)位置的测量工作。

A. 平面　　　　　　　B. 高程　　　　　　　C. 垂直　　　　　　　D. 平面和高程

2. 布设和观测图根导线控制网,应尽量与测区内或附近的(　　)连接,以便求得起始点的坐标和起始边的坐标方位角。

A. 一级控制点　　　　B. 二级控制点　　　　C. 高级控制点　　　　D. 初级控制点

3. 附合导线是起止于(　　)已知点的单一导线。

A. 一个　　　　　　　B. 两个　　　　　　　C. 三个　　　　　　　D. 四个

4. 闭合导线是起止于(　　)的封闭导线。

A. 一个已知点　　　　B. 两个已知点　　　　C. 三个已知点　　　　D. 四个控制点

5. 控制点建立永久性标志时,导线点应埋设(　　)。

A. 木桩　　　　　　　B. 混凝土桩　　　　　C. 钢钉　　　　　　　D. 花杆

三、多选

1. 以下控制点设置注意事项中正确的是(　　)。

A. 相邻点间应相互通视良好,地势平坦,便于测角和量距

B. 点位应选在土质松软处,便于安置仪器

C. 导线边长应大致相等

D. 导线点应足够密集,分布均匀

E. 控制点应选在视野开阔的地方,便于碎步测量

2. 城市高程控制网分为(　　)。

A. 一等　　　　　　　B. 二等　　　　　　　C. 三等

D. 四等　　　　　　　E. 五等

四、简答

1. 简述闭合导线的含义。

2. 控制点选点时应该注意哪些事项？

3. 导线的布设形式有几种？分别需要哪些已知数据和观测数据？

任务 2　边长测量

图 3-16 所示为边长测量示意图。

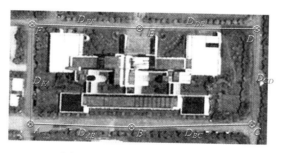

图 3-16　边长测量示意图

 任务目标

测量控制点组成的闭合导线各边长。

 任务内容

1. 知识点

（1）边长测量

（2）测量精度

2. 技能点

（1）往返测量边长

（2）计算测量精度

知识解读

一、边长测量技术指标

导线边长可用钢尺直接测量。

1. 技术要求

用钢尺测量时,选用检定过的 30 m 或 50 m 的钢尺,导线边长应往返各测量一次,往返测量相对误差应满足表 3-4、表 3-5 的要求。

表 3-4　钢尺量距导线的技术要求

等级	附合导线长度/km	平均边长/m	往返测量较差相对误差	导线全长相对闭合差
一级	2.5	250	1/20 000	1/10 000
二级	1.8	250	1/15 000	1/7 000
三级	1.2	250	1/10 000	1/5 000

表 3-5　图根导线量距的技术要求

等级	比例尺	附合导线长度/m	平均边长/m	导线全长相对闭合差
等外	1∶500	500	75	1/2 000
	1∶1 000	1 000	110	
	1∶2 000	2 000	180	

本次任务是绘制 1∶500 的平面图,采用图根导线量距的技术要求。平均边长是指各控制点间的直线距离,如 AB 之间、BC 之间、CD 之间、DE 之间、EF 之间、FA 之间的平均长度不得超过250 m;导线全长相对闭合差是指以导线往测全长量距 $D_{往}$ 与返测全长量距 $D_{返}$ 为主要参数计算相对误差 K。

2. 钢尺检定

钢尺一般由钢铁制作,具有热胀冷缩的特点,影响钢尺的测量精度;在刻制刻度的时候也会出现不准确的误差。

钢尺尺长方程:　　　　　　　　　　$D = D_0 + \Delta D + \alpha(t - t_0)D_0$　　　　　　　　　　(3-1)

式中　D——钢尺长度;

　　　D_0——钢尺名义长度;

ΔD——尺长改正数；

α——钢尺的膨胀系数，1.25×10^{-5}；

t——钢尺使用时的温度；

t_0——钢尺检定时的温度。

一般情况下，钢尺的实际长度与名义长度存在一个固定差值，即尺长改正数 ΔD。钢尺在使用前要经过质量监督检验机构检测，检测时温度在 20 ℃ 左右，钢尺在阳光下使用时的温度可达到 40 ℃ 以上。50 m 的钢尺，当温度变化达到 20 ℃ 左右时，其伸缩量 $\alpha(t-t_0)D_0$ 可达到 12.5 mm，测量精度 $K=1/4\,000$ 左右，再加上读数误差和高差产生的误差，可导致测量精度不符合要求。所以在测量过程中，钢尺测量时要尽量避免高温时在太阳直射下作业。

二、边长测量

1. 在点之记上标明各边长名称 D_{ij}

如图 3-17 所示。

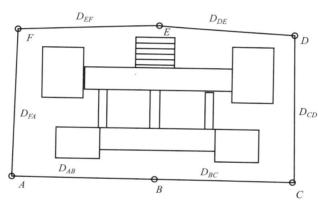

图 3-17　标记各边长名称

2. 边长测量

根据距离测量的方法，当超过一尺长时对边长进行直线定线，然后分段测量。测量时后尺手在后视点，前尺手在前视点，双方拉稳钢尺后读数，记录员记录数值。分段测量时，分别测量各段长度，累计各段长度填写到表 3-6 中。

表 3-6　测段长度记录表

测量方向	目标点号	测段长度/m	测段长度平均值/m
$A\to B$	A	88.375	88.376
	B		
$B\to A$	B	88.377	
	A		

续表

测量方向	目标点号	测段长度/m	测段平均值/m
$B{\rightarrow}C$	B	82.934	82.934
	C		
$C{\rightarrow}B$	C	82.933	
	B		
$C{\rightarrow}D$	C	76.696	76.697
	D		
$D{\rightarrow}C$	D	76.698	
	C		
$D{\rightarrow}E$	D	85.664	85.663
	E		
$E{\rightarrow}D$	E	85.662	
	D		
$E{\rightarrow}F$	E	83.568	83.567
	F		
$F{\rightarrow}E$	F	83.566	
	E		
$F{\rightarrow}A$	F	78.664	78.665
	A		
$A{\rightarrow}F$	A	78.666	
	F		

3. 计算往测总长

$\sum D_{往}=88.375$ m$+82.934$ m$+76.696$ m$+85.664$ m$+83.568$ m$+78.664$ m$=495.901$ m

4. 计算返测总长

$\sum D_{返}=88.377$ m$+82.933$ m$+76.698$ m$+85.662$ m$+83.566$ m$+78.666$ m$=495.902$ m

5. 计算测量精度

$$K=\cfrac{1}{\cfrac{\sum D_{往}+\sum D_{返}}{2\mid\sum D_{往}-\sum D_{返}\mid}}\approx\frac{1}{495\ 902}<\frac{1}{2\ 000},合格。$$

6. 计算边长

$$D=\frac{1}{2}(D_{往}+D_{返})$$

📚 知识要点

边长测量的主要工具是钢尺,最好避开在阳光直射和温差变化较大时使用。

边长测量主要采用往返测量的方法。在测段距离大于一尺长时,根据测量精度采用目估定线或直线定线的方法分段测量。最后计算测量精度是否在误差允许范围之内。

🎯 学习检测

一、填空

1. 距离测量的相对误差公式为＿＿＿＿＿＿＿＿＿。

2. 距离测量是用＿＿＿＿＿来衡量其精度的,该误差是用分子为＿＿＿＿＿的形式来表示的。

3. 测量地面两点间的距离指的是两点间的＿＿＿＿＿距离。

4. 用钢尺测量某段距离,往测为 112.314 m,返测为 112.329 m,则相对误差为＿＿＿＿＿。

5. 根据距离测量的方法,当测段距离超过一尺长时,对边长进行＿＿＿＿＿,然后分段测量。

二、单选

1. 在以(　　　)km 为半径的范围内,可以用水平面代替水准面进行距离测量。

A. 5　　　　　　　　B. 10　　　　　　　C. 15　　　　　　　D. 20

2. 某段距离测量的平均值为 100 m,其往返较差为+4 mm,则其相对误差为(　　　)。

A. 1/25 000　　　　B. 1/25　　　　　C. 1/2 500　　　　D. 1/250

3. 用钢尺精确量距时,测量温度低于标准温度,如不加温度改正数,则所量距离(　　　)。

A. 小于实际距离　　　　　　　　B. 等于实际距离

C. 大于实际距离　　　　　　　　D. 都有可能

三、多选

1. 用钢尺进行一般方法量距,其测量精度一般能达到(　　　)。

A. 1/500　　　　　B. 1/800　　　　C. 1/2 000

D. 1/4 000　　　　E. 1/10 000

2. 精密钢尺量距,一般要进行的三项改正是(　　　)。

A. 尺长改正　　　　B. 比例改正　　　C. 气压改正

D. 温度改正　　　　E. 倾斜改正

四、简答

1. 何谓直线定向?

2. 导线测量按测定边长的方法分为哪几类?

五、计算

用钢尺往、返测量了一段距离,其平均值为 167.38 m,要求量距的相对误差为1/15 000,问往、返测量这段距离的绝对误差不能超过多少?

任务 3　转折角测量

图 3-18 为导线转折角示意图。

图 3-18　导线转折角示意图

任务目标

用经纬仪测量转折角,记录、计算成果。

任务内容

1. 知识点
（1）左角、右角识别和关系
（2）水平角识读和记录
（3）水平角成果计算
2. 技能点
（1）水平角观测
（2）水平角内业计算
（3）判断左右角的能力

知识解读

一、转折角

1. 转折角的命名

转折角是导线中由相邻的两条边构成的水平角,分为左角和右角。不论是附合导线还是闭合导线,只要在前进方向左侧的水平角都称为左角,如图 3-19（图中箭头表示测量的前进方向）a、d 所示;在前进方向右侧的水平角都称为右角,如图 3-19b、c 所示。同一个角在不同的测量前进方向上,名称是不同的。

2. 关系

在测量导线转折角时,左角或右角并无差别,仅仅是计算上的不同。在角值计算中:

$$\left.\begin{array}{l} \beta_{左}+\beta_{右}=360° \\ \beta_{左}=360°-\beta_{右} \\ \beta_{右}=360°-\beta_{左} \end{array}\right\} \tag{3-2}$$

左角或右角在坐标方位角计算时所用公式有所不同,在计算中用同一方向的角采用同一公式较为方便。这部分内容将在下一任务中作详细讲解。

3. 技术要求

导线转折角的测量一般采用测回法观测。在附合导线中一般测左角;在闭合导线中,一般

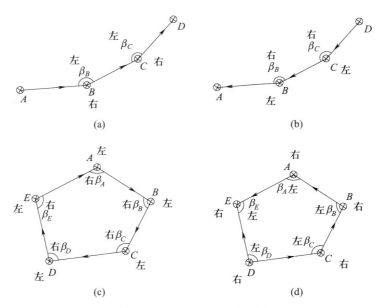

图 3-19　左、右角示意图

测内角;对于支导线,应分别观测左、右角。不同等级导线的测角技术要求详见表 3-7。图根导线一般用 DJ6 经纬仪观测一测回角,当盘左、盘右两半测回角值的较差不超过 ±40″时,取其平均值。

表 3-7　导线的测角技术要求

等级	测角中误差/ (″)	测回数	方位角闭合差
一级	±5	—	—
二级	±8		
三级	±12		
图根		1	$±60″\sqrt{n}$

注:n 为导线边总数。

二、角度闭合差计算

由于水平角观测过程中的各种原因,使得内角和的测量值与理论值不相同,产生闭合差 f_β。角度闭合差的大小反映了水平角观测的质量。

1. 闭合导线

按照平面几何原理,n 边形内角之和应该为 $(n-2)\times180°$。因此,n 边形闭合导线内角 β_1、β_2、β_3、β_4、β_5…之和理论值应为:

$$\sum\beta_理=(n-2)\times180°$$

（3-3）

如图 3-19c 所示为五边形，$\sum \beta_{理} = (5-2) \times 180° = 540°$。

闭合导线角度闭合为：

$$f_\beta = \sum \beta_{测} - \sum \beta_{理} = \sum \beta_{测} - (n-2) \times 180° \qquad (3-4)$$

2. 附合导线

（1）附合导线的角度闭合差计算因素　附合导线 n 条边内角之和取决于起始边方位角、终边方位角、边的条数，如图 3-20 所示。

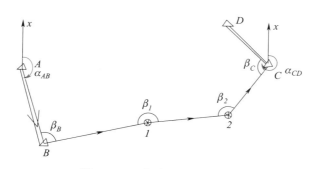

图 3-20　附合导线示意图

① 起始边方位角 α_{AB}　根据前进方向，从起始边 AB 开始，已知 A、B 的坐标计算 α_{AB}。

② 终边方位角 α_{CD}　根据前进方向，到终边 CD 止，已知 C、D 的坐标计算 α_{CD}。

③ 边的条数　边的条数从起始边方位角 α_{AB} 所在的边 AB 开始计为第一条边，经过边 $B1$、边 12，到边 $2C$ 止，共计四条边。最终到达的边 CD，不计入边的条数。

④ 连接角数目　四条边所形成的夹角为 β_B、β_1、β_2、β_C，共计四个角。

（2）角度闭合差计算方法　由坐标方位角推算公式 $\alpha_{CD} = \alpha_{AB} + n \times 180° \pm \sum \beta$ 可知，附合导线的角度闭合差计算方法有 3 种：

① 以已知起始边方位角 $\alpha_{AB理}$ 为理论值推算。

$\alpha_{AB测} = \alpha_{CD} - n \times 180° - (\pm \sum \beta)$，计算后与 $\alpha_{AB理}$ 比较，计算角度闭合差

$$f_\beta = \alpha_{AB测} - \alpha_{AB理} \qquad (3-5)$$

② 以终边方位角 $\alpha_{CD理}$ 为理论值推算。

$\alpha_{CD测} = \alpha_{AB} + n \times 180° \pm \sum \beta$，计算后与 $\alpha_{CD理}$ 比较，计算角度闭合差

$$f_\beta = \alpha_{CD测} - \alpha_{CD理} \qquad (3-6)$$

③ 以中间各边构成的水平角之和 $\pm \sum \beta_{理}$ 为理论值推算。

$\pm \sum \beta_{测} = \alpha_{CD} - \alpha_{AB} - n \times 180°$，计算后与 $\pm \sum \beta_{理}$ 比较，计算角度闭合差

$$f_\beta = (\pm \sum \beta_{测}) - (\pm \sum \beta_{理}) \qquad (3-7)$$

（3）计算角度闭合差的允许值（限差）　各级导线角度闭合差的允许值 $f_{\beta允}$ 有具体规定，其中图根导线角度闭合差的允许值 $f_{\beta允}$ 的计算公式为：

$$f_{\beta允} = \pm 60'' \sqrt{n} \qquad (3-8)$$

式中 n——导线边总数。

如果 $|f_\beta| > |f_{\beta允}|$,说明所测水平角不符合要求,应对水平角重新检查或重测。

如果 $|f_\beta| \leqslant |f_{\beta允}|$,说明所测水平角符合要求,可对所测水平角进行调整。

根据多边形角度闭合差的规定,角度闭合差的中误差为各角之和的中误差。由于各个角度为等精度观测,其中误差为 m_β,因此,各角之和的中误差为:

$$m_{\Sigma\beta} = \pm m_\beta \sqrt{n}$$

取 2 倍中误差为极限误差,则允许的角度闭合差为:

$$f_{\beta允} = \pm 2 m_\beta \sqrt{n}$$

根据 $f_{\beta允} = \pm 60'' \sqrt{n} = \pm 2 m_\beta \sqrt{n}$,计算得测角中误差 $m_\beta = \pm 30''$,即角度测量的算术平均值中误差或真误差计算的中误差不得超过 $\pm 30''$。

三、角度闭合差误差改正数

如角度闭合差不超过角度闭合差的允许值,则将角度闭合差反符号平均分配到各观测水平角中,也就是每个水平角加相同的改正数 v_β,v_β 的计算公式为:

$$v_\beta = -\frac{f_\beta}{n} \tag{3-9}$$

分配的原则为:

(1)闭合导线中,角度闭合差 f_β 按照连接角个数反号平均分配。

(2)附合导线中,如果是左角,角度闭合差 f_β 按照连接角个数反号平均分配;如果是右角,角度闭合差 f_β 按照连接角个数同号平均分配。

计算检核:水平角改正数之和应与角度闭合差大小相等,符号相反。

总之,角度闭合差分配之后,各观测角总和 $\sum \beta_{测}$ 应与理论值总和 $\sum \beta_{理}$ 相等。

四、计算改正后的水平角

观测角与改正数之和,就是调整后的观测角。改正后的水平角 β_i 等于所测水平角加上水平角改正数

$$\beta_i = \beta + v_\beta \tag{3-10}$$

计算检核:改正后的闭合导线内角之和应为 $(n-2) \times 180°$。

五、转折角测量和计算

(1)绘制简图并标记内角和名称,如图 3-21 所示。

(2)在点 A 安置经纬仪,在点 F 和点 B 立花杆,如图 3-22 所示。

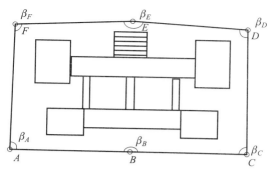

图 3-21　标记内角和名称

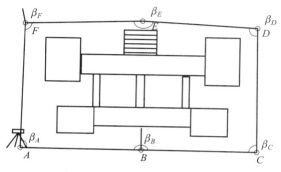

图 3-22　安置仪器、工具

（3）盘左先瞄准点 F 花杆，置零，如图 3-23 所示。

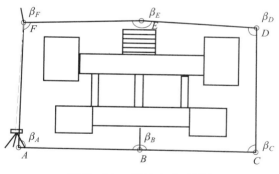

图 3-23　起始方向观测

（4）顺时针转动照准部，瞄准点 B 花杆，读数，如图 3-24 所示。

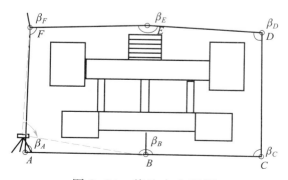

图 3-24　终边方向观测

（5）切换盘位到盘右，瞄准点 *F* 花杆，读数。

（6）顺时针转动照准部，瞄准点 *B* 花杆，读数。

（7）将所读数据记录在表 3-8 中。

表 3-8　测回法观测手簿

测站	竖盘位置	目标	水平度盘读数 （°　′　″）	半测回角值 （°　′　″）	一测回角值 （°　′　″）	备注
1	2	3	4	5	6	7
A	左	F	0 00 06	92 48 24	92 48 22	
		B	92 48 30			
	右	F	180 00 12	92 48 20		
		B	272 48 32			
B	左	A	0 01 12	173 37 18	173 37 21	
		C	173 38 30			
	右	A	180 01 18	173 37 24		
		C	353 38 42			
C	左	B	0 00 12	92 10 30	92 10 33	
		D	92 10 42			
	右	B	180 00 00	92 10 36		
		D	272 10 36			
D	左	C	0 01 36	93 41 36	93 41 55	
		E	93 43 12			
	右	C	180 01 06	93 42 14		
		E	273 43 20			
E	左	D	0 00 36	176 09 48	176 09 51	
		F	176 10 24			
	右	D	180 01 12	176 09 54		
		F	256 10 06			
F	左	E	0 01 24	91 33 54	91 33 40	
		A	91 35 18			
	右	E	180 01 36	91 33 26		
		A	271 35 02			

（8）仪器和花杆按照选定的前进方向搬迁,如图 3-25 所示。

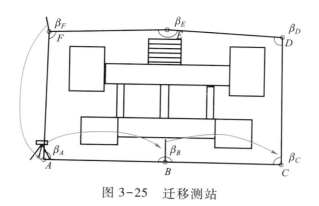

图 3-25　迁移测站

（9）搬迁至测站 B 后进行观测,顺序同测站 A,如图 3-26 所示。

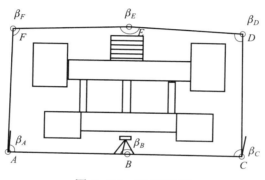

图 3-26　继续观测

（10）将所测量的内角值填写到表 3-8 中,并完成半测回角值、一测回角值计算。

（11）角度闭合差内业计算,见表 3-9 水平角成果计算表。

表 3-9　水平角成果计算表

测站	目标	水平角 （° ′ ″）	改正数 （″）	改正后水平角 （° ′ ″）	备注
1	2	3	4	5	6
A	F	92 48 22	−17	92 48 05	
	B				
B	A	173 37 21	−17	173 37 04	
	C				
C	B	92 10 33	−17	92 10 16	
	D				

测站	目标	水平角 (° ′ ″)	改正数 (″)	改正后水平角 (° ′ ″)	备注
D	C	93 41 55	-17	93 41 38	
	E				
E	D	176 09 51	-17	176 09 34	
	F				
F	E	91 33 40	-17	91 33 23	
	A				
Σ		720 01 42	-102	720 00 00	

① 1~3列为外业测量所得结果,从表3-8转抄。

② 计算各内角理论值之和。

$$\sum \beta_{理} = (n-2) \times 180° = (6-2) \times 180° = 720°$$

③ 计算各内角测量值之和。

$$\sum \beta_{测} = 92°48′22″+173°37′21″+92°10′33″+93°41′55″+176°09′51″+91°33′40″=720°01′42″$$

④ 计算并判断角度闭合差。

$f_\beta = \sum \beta_{测} - \sum \beta_{理} = 720°01′42″-720° = 1′42″ = 102′ < f_{\beta允} = \pm 60″\sqrt{6} \approx \pm 147″$(此时 $f_{\beta允}=147″$)
角度闭合差在允许范围之内,可以分配。

⑤ 角度闭合差分配。根据 f_β,将角度闭合差反号平均分配到各水平角中,填入第4列。

$$v_\beta = -\frac{f_\beta}{n} = -\frac{102″}{6} = -17″$$

⑥ 改正后水平角。计算观测的水平角与改正数之和,即(5)=(4)+(3)。

知识要点

1. 转折角的左右角判断。只要在前进方向的左边就是左角,在前进方向的右边就是右角。

2. 角度闭合差的计算。附合导线的角度闭合差计算方法有3种,不管哪一种方法,都是在一个理论值和测量值之间比较,计算出差值。

3. 全站仪在同时进行测角量边时,较为方便。在读取转折角和边长数值之后,也要对角度进行成果计算。

学习检测

一、填空

1. 判断图 3-27 中各观测角是左角还是右角。

图 3-27　转折角

当前进方向由 A 往 B 时，β_1、β_2、β_3、β_4 分别是：_____、_____、_____、_____。

当前进方向由 B 往 A 时，β_1、β_2、β_3、β_4 分别是：_____、_____、_____、_____。

2. 导线转折角的测量一般采用_____观测。

3. 转折角是导线中由相邻的两条边构成的水平角，分为_____和_____。

4. 在闭合导线中，按照平面几何原理，n 边形内角之和为_____。

5. 图根导线一般用 DJ6 经纬仪观测一测回角，盘左、盘右两半测回角值的较差不超过_____。

二、单选

1. 水平角的角值范围是(　　)。

A. $0°\sim180°$　　　　B. $0°\sim360°$　　　　C. $-180°\sim180°$　　　　D. $180°\sim360°$

2. 在进行角度测量时，利用盘左、盘右读数不可以消除(　　)误差。

A. 视准轴不垂直于横轴　　　　B. 横轴不垂直于竖轴

C. 竖盘指标差　　　　D. 固定

三、多选

1. 附合导线内角之和取决于(　　)。

A. 起始边方位角　　B. 起始边角度　　C. 终边方位角

D. 终边角度　　　　E. 边的条数

2. 测量误差按其性质可分为(　　)。

A. 系统误差　　　　B. 相对误差　　　　C. 偶然误差

D. 必然误差　　　　E. 允许误差

四、简答

1. 简述水平角的基本概念。

2. 水平角观测时应注意哪些事项？

五、计算

1. 一测回角度测量，测得上半测回 $\beta_左 = 63°34'43''$，下半测回 $\beta_右 = 63°34'48''$。求一测回角度测量结果，结果取值到秒。

2. 在点 B 安置经纬仪，盘左先观测 A 方向，读数为 $0°06'24''$，再观测 C 方向，读数为 $111°46'18''$；盘右观测 C 方向，读数为 $291°46'36''$，再观测 A 方向，读数为 $180°06'48''$。请填写并完成表 3-10。

表 3-10　测回法观测手簿

测站	竖盘位置	目标	水平度盘读数 （° ′ ″）	半测回角值 （° ′ ″）	一测回角值 （° ′ ″）

任务4 连接测量

图 3-28 所示为连接测量示意图。

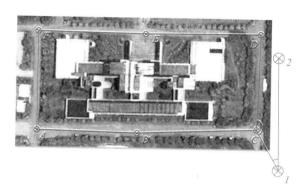

图 3-28 连接测量示意图

 任务目标

通过连接测量,引入高一级的已知控制点坐标到导线中。

 任务内容

1. 知识点
（1）边长连接测量的方法
（2）水平角连接测量的方法
2. 技能点
（1）图示连接边长、连接水平角
（2）测量连接边长、连接水平角

 知识解读

一、图示连接边长和连接水平角

根据测得的内角、边长和已知点 1、2，在点之记上标明连接测量的位置，包括连接点 1、C 之间的连接边长 D_L、点 1 处连接水平角 β_1、点 C 处连接水平角 β_L，如图 3-29 所示。

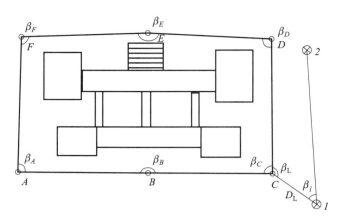

图 3-29　连接测量

连接测量也可以由点 *1* 往 *B*、*A*、*D* 等控制点中的任意一点连接,也可以由点 *2* 往 *D*、*C* 等控制点中的任意一点连接。只要便于现场观测,都是可以的。但是一定要在图上标示清楚,防止在测量过程中出错。

二、连接测量

1. 连接边长测量

用钢尺测量 D_L,当距离超过一尺长时,可用经纬仪定线,也可用全站仪直接测量距离。测量精度 $K \leqslant \dfrac{1}{2\,000}$。采用项目三任务拓展中的全站仪量距,测得 $D_L = 91.817$ m。

2. 连接水平角测量

(1)在点 *1* 安置经纬仪,在点 *2*、点 *C* 处立花杆,如图 3-30 所示。

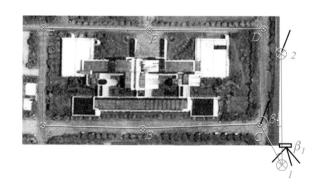

连接测量

图 3-30　安置仪器和工具

(2)瞄准点 *C* 处花杆,如图 3-31 所示,置零,读数,记录在表 3-11 中。

(3)顺时针转到点 *2* 方向,瞄准点 *2* 处花杆,如图 3-32 所示,读数,记录在表 3-11 中。

(4)用盘右再次瞄准点 *2* 处的花杆,读数,记录在表 3-11 中。

(5)逆时针转到点 *C* 方向,瞄准点 *C* 处花杆,读数,记录在表 3-11 中。

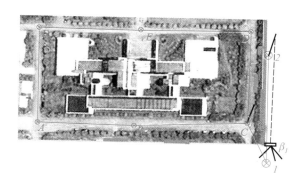

图 3-31　起始方向观测

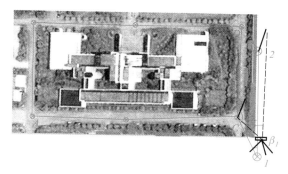

图 3-32　终边方向观测

表 3-11　测回法观测手簿

测站	竖盘位置	目标	水平度盘读数 （°　′　″）	半测回角值 （°　′　″）	一测回角值 （°　′　″）	备注
1	左	C	0 00 13	3 37 35	3 37 50	右角
		2	3 37 48			
	右	C	180 00 30	3 38 06		
		2	183 38 36			
C	左	D	0 00 48	178 35 48	178 36 00	右角
		1	178 36 36			
	右	D	180 00 12	178 36 12		
		1	358 36 24			

（6）β_1 测量完成，计算 β_1。

（7）移动并在点 C 安置经纬仪，采用测回法观测点 C 上的连接水平角 β_L，记录在表 3-11 中。

连接边、连接水平角的选择要根据实际情况确定。测量之前,在点之记上绘出连接边、连接水平角的位置,并判断是左角还是右角。在测量过程中,要按照图示的位置采用测回法观测。

学习检测

一、填空

1. 用钢尺测量 D,当距离超过一尺长时,可用_____定线,也可用_____直接测量距离。

2. 导线连接边长测量时,其测量精度_____。

二、单选

1. 采用测回法观测水平角,若终边方向目标的观测值 b 小于起始边目标的观测值 a 时,水平角 β 的计算方法是(   )。

A. $\beta=a-b$ B. $\beta=b-180°-a$ C. $\beta=b+360°-a$ D. $\beta=a+b-180°$

2. 进行导线连接测量的目的是取(   )。

A. 起始点的坐标   B. 起始边方位角

C. 起始点的高程   D. 起始点的坐标和起始边方位角

三、简答

1. 简述连接边长测量的方法。

2. 简述连接水平角测量的方法。

任务 5 导线坐标计算

图 3-33 所示为教学楼导线的角度、边长值示意图。

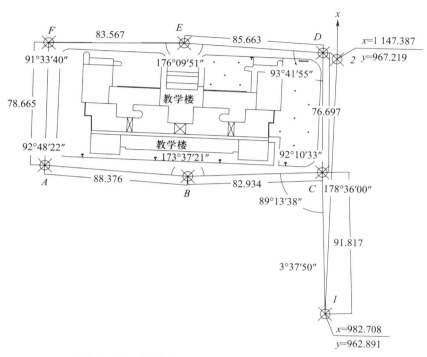

图 3-33 教学楼导线的角度、边长值示意图

 任务目标

进行导线控制点内业计算,确定 A、B、C、D、E、F 各控制点的坐标值。

 任务内容

1. 知识点

(1)角度闭合差计算

(2)各条边坐标方位角计算

(3)坐标增量计算

(4)坐标增量闭合差计算

(5)导线全长闭合差容许值计算

(6)坐标增量闭合差分配

（7）分配后坐标增量计算

（8）各控制点坐标计算

2. 技能点

（1）坐标正算

（2）角度闭合值计算

知识解读

在外业工作测角量边、连接测量完成之后,开始内业工作。各控制点坐标计算是内业工作的重要部分。主要有:角度闭合值计算、角度闭合差计算、角度闭合差允许值计算、角度闭合差判断、角度闭合差分配、起始边坐标方位角计算、各条边坐标方位角推算、坐标增量计算、坐标增量闭合差计算、导线精度计算、坐标增量闭合差分配、分配后坐标增量计算、各控制点坐标计算。角度闭合值计算、角度闭合差计算、角度闭合差允许值计算、角度闭合差判断、角度闭合差分配在项目三任务 3 中已详细讲述。

一、坐标方位角计算

各控制点坐标计算为内业工作。通过内角测量、边长测量,又获得了高一级控制点的已知点坐标、连接水平角、连接边等数据,计算各控制点坐标。

1. 坐标方位角计算方法

采用反正切函数 $\arctan\dfrac{对边}{邻边}$ 计算方位角数值。

（1）直线在第一象限　根据图 3-34,计算时

$$\alpha_{12} = \arctan\frac{\Delta y_{12}}{\Delta x_{12}} \tag{3-11}$$

（2）直线在第二象限　根据图 3-35,将 α_{12} 划分成 90°和 α,则计算时

$$\alpha_{12} = 90° + \alpha = 90° + \arctan\frac{\Delta x_{12}}{\Delta y_{12}} \tag{3-12}$$

图 3-34　第一象限方位角

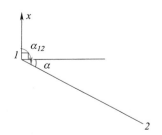

图 3-35　第二象限方位角

（3）直线在第三象限　根据图 3-36，将 α_{12} 划分成 180° 和 α，则计算时

$$\alpha_{12} = 180° + \alpha = 180° + \arctan \frac{\Delta y_{12}}{\Delta x_{12}} \tag{3-13}$$

（4）直线在第四象限　根据图 3-37，将 α_{12} 划分成 270° 和 α_1，则计算时

$$\alpha_{12} = 270° + \alpha_1 = 270° + \arctan \frac{\Delta x_{12}}{\Delta y_{12}} \tag{3-14}$$

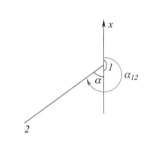 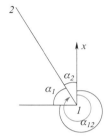

图 3-36　第三象限方位角　　　图 3-37　第四象限方位角

或者将 α_{12} 划分成 360° 和 α_2，则计算时

$$\alpha_{12} = 360° - \alpha_2 = 360° - \arctan \frac{\Delta y_{12}}{\Delta x_{12}} \tag{3-15}$$

2. 正反坐标方位角的关系

（1）如图 3-38 所示，已知 $1(x_1, y_1)$、$2(x_2, y_2)$，计算 α_{12}。

$$\alpha_{12} = \arctan \frac{\Delta y_{12}}{\Delta x_{12}}$$

图 3-38　已知点和方位角（一）

（2）如图 3-39 所示，已知 $1(x_1, y_1)$、$2(x_2, y_2)$，计算 α_{21}。

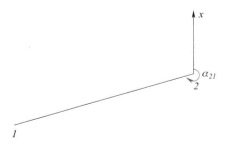

图 3-39　已知点和方位角（二）

$$\alpha_{21} = \arctan \frac{\Delta y_{21}}{\Delta x_{21}}$$

（3）α_{12}、α_{21} 之间的关系。

如图 3-40 所示，$\alpha_{21} = \alpha_{12} + 180°$。

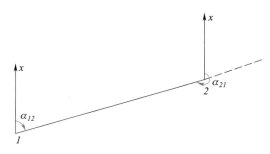

图 3-40　α_{12} 与 α_{21} 之间的关系

如将图 3-40 中的 1、2 名称调换，则 $\alpha_{21} = \alpha_{12} - 180°$。

综上，直线 12 和直线 21 的坐标方位角（正反坐标方位角）关系为 $\alpha_{21} = \alpha_{12} \pm 180°$。

二、坐标方位角推算

1. 计算

（1）如图 3-41 所示，已知直线 12、直线 23、α_{12}、β_2，计算 α_{23}。

计算时应先在图 3-42 中标注出 α_{23}，并标出与 α_{12} 呈互补关系的角 θ_2。

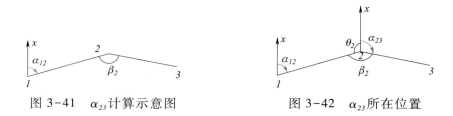

图 3-41　α_{23} 计算示意图　　　　图 3-42　α_{23} 所在位置

显而易见

$$\alpha_{23} + \theta_2 + \beta_2 = 360°$$

$$\alpha_{12} + \theta_2 = 180° \Rightarrow \theta_2 = 180° - \alpha_{12}$$

则

$$\alpha_{23} + (180° - \alpha_{12}) + \beta_2 = 360°$$

即

$$\alpha_{23} = \alpha_{12} + 180° - \beta_2$$

式中，α_{23} 与 α_{12} 之间的前后关系为：α_{23} 是前角，α_{12} 是后角。水平角 β_2 在前进方向的右侧，故 β_2 是右角。所以，上式又可表达为：

$$\alpha_{前} = \alpha_{后} + 180° - \beta_{右}$$

$\beta_{右}$ 在直线 *12*、直线 *23* 的交点处,由 $\angle 123$ 的右侧构成。

(2)如图 3-43 所示,已知条件增加 β_3,往下继续计算 α_{34}。

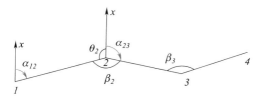

图 3-43　α_{34} 计算示意图

计算时应先在图 3-44 中标注出 α_{34},并标出与 α_{23} 呈互补关系的角 θ_3。

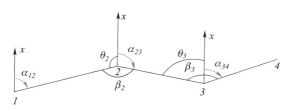

图 3-44　α_{34} 所在位置

显而易见

$$\alpha_{34} + \theta_3 = \beta_3$$

$$\alpha_{23} + \theta_3 = 180° \Rightarrow \theta_3 = 180° - \alpha_{23}$$

则

$$\alpha_{34} + (180° - \alpha_{23}) = \beta_3$$

在方位角的计算过程中,$\pm 360°$ 是容许的,上式可变换为

$$\alpha_{34} = \alpha_{23} - 180° + \beta_3 + 360° = \alpha_{23} + 180° + \beta_3$$

式中,α_{34} 与 α_{23} 之间的前后关系为:α_{34} 是前角,α_{23} 是后角。水平角 β_3 在前进方向的左侧,故 β_3 是左角。所以,上式又可表达为:

$$\alpha_{前} = \alpha_{后} + 180° + \beta_{左}$$

$\beta_{左}$ 在直线 *23*、直线 *34* 的交点处,由 $\angle 234$ 的左侧构成。

(3)如图 3-45 所示,已知条件增加 β_4,往下继续计算 α_{45}。

计算时应先在图 3-46 中标注出 α_{45},并标出与 α_{34} 呈互补关系的角 θ_4。

显而易见

$$\alpha_{45} + \theta_4 + \beta_4 = 360°$$

$$\alpha_{34} + \theta_4 = 180° \Rightarrow \theta_4 = 180° - \alpha_{34}$$

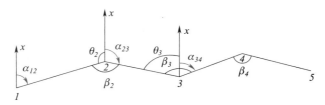

图 3-45 α_{45} 计算示意图

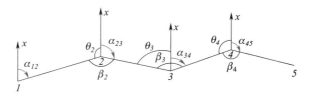

图 3-46 α_{45} 所在位置

则

$$\alpha_{45}+(180°-\alpha_{34})+\beta_4=360°$$

即

$$\alpha_{45}=\alpha_{34}+180°-\beta_4$$

计算结果与(1)相似。

式中,α_{45} 与 α_{34} 之间的前后关系为:α_{45} 是前角,α_{34} 是后角。水平角 β_4 在前进方向的右侧,故 β_4 是右角。所以,上式又可表达为

$$\alpha_{前}=\alpha_{后}+180°-\beta_{右}$$

$\beta_{右}$ 在直线 34、直线 45 的交点处,由 $\angle 345$ 的右侧构成。

(4)如图 3-47 所示,已知条件增加 β_5,往下继续计算 α_{56}。

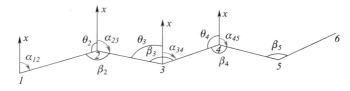

图 3-47 α_{56} 计算示意图

计算时应先在图 3-48 中标注出 α_{56},并标出与 α_{45} 呈互补关系的角 θ_5。

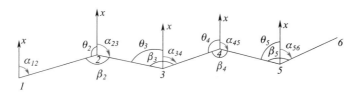

图 3-48 α_{56} 所在位置

显而易见

$$\alpha_{56} + \theta_5 = \beta_5$$

$$\alpha_{45} + \theta_5 = 180° \Rightarrow \theta_5 = 180° - \alpha_{45}$$

则

$$\alpha_{56} + (180° - \alpha_{45}) = \beta_5$$

即

$$\alpha_{56} = \alpha_{45} - 180° + \beta_5 = \alpha_{45} - 180° + \beta_5 + 360° = \alpha_{45} + 180° + \beta_5$$

计算结果与（3）相似。

式中，α_{56} 与 α_{45} 之间的前后关系为：α_{56} 是前角，α_{45} 是后角。水平角 β_5 在前进方向的左侧，故 β_5 是左角。所以，上式又可表达为：

$$\alpha_{前} = \alpha_{后} + 180° + \beta_{左}$$

$\beta_{左}$ 在直线 45、直线 56 的交点处，由 $\angle 456$ 的左侧构成。

2. 总结

β 为左角，则推算公式为：

$$\alpha_{前} = \alpha_{后} + 180° + \beta_{左}$$

β 为右角，则推算公式为：

$$\alpha_{前} = \alpha_{后} + 180° - \beta_{右}$$

可归纳为

$$\alpha_{前} = \alpha_{后} + 180° \pm \beta \tag{3-16}$$

β 是前后两条直线相交形成的水平角，β 为左角时取 +，β 为右角时取 –。

三、公式应用

在表 3-12 第 5 列中，起始方位角由已知点坐标计算获得，推算出其他各点的坐标方位角。利用式（3-11）、（3-16）计算 α_{21}、α_{1C}、α_{CD}。

$$\alpha_{21} = \arctan \frac{\Delta y_{21}}{\Delta x_{21}}$$

$$\alpha_{1C} = \alpha_{21} + 180° - \beta_1$$

$$\alpha_{CD} = \alpha_{1C} + 180° - \beta_C$$

把 α_{CD} 填写到表 3-12 导线坐标计算表方位角列（第 5 列）的相应位置。导线坐标计算步骤如下：

1. 将已知数据整理到表 3-12 导线坐标计算表中

（1）点号：在第 1 列、第 13 列填写点号名称。从已知点开始填写，按照测量顺序依次填写 2、1、C、D、E、F、A、B、C。其中 D、E、F、A、B、C 为闭合导线上的各点。第一个 C 作为连接测量的点。

（2）观测角：在第 2 列填写项目三任务 3、项目三任务 4 中所测得的内角、连接水平角数据。

（3）边长 D：在第 6 列填写项目三任务 2、项目三任务 4 中所测得的边长、连接边数据。

（4）坐标值：在第 11 列、12 列分别填写已知点 1、2 的 x、y 坐标值。

2. 推算各边的坐标方位角

（1）根据起始边的已知点 1、2 的坐标，计算 α_{21}，并填入表 3-12 第 5 列内。

（2）根据 α_{21} 及改正后的水平角，按式（3-16）$\alpha_{前} = \alpha_{后} + 180° \pm \beta$ 推算其他各导线边的坐标方位角。

本例观测角为左角，按式（3-16）推算出导线各边的坐标方位角，填入表 3-12 的第 5 列内。

（3）计算检核：最后推算出起始边坐标方位角，它应与原有的起始边已知坐标方位角相等，否则应重新检查计算。

3. 坐标增量的计算及其闭合差的调整

（1）计算坐标增量　根据已推算出的导线各边的坐标方位角和相应边的边长计算各边在 x 轴方向和 y 轴方向增量，填入表 3-12 第 7、8 两列的相应格内。

$$\left.\begin{array}{l} \Delta x = D \cdot \cos \alpha \\ \Delta y = D \cdot \sin \alpha \end{array}\right\} \tag{3-17}$$

（2）计算坐标增量闭合差　如图 3-49、图 3-50 所示，闭合导线中，按照顺时针或逆时针方向计算增量，规定向下、向左为负，向上、向右为正。各边 x 方向坐标增量代数和的理论值应为零，即 $\sum \Delta x = 0$。同理，$\sum \Delta y = 0$。

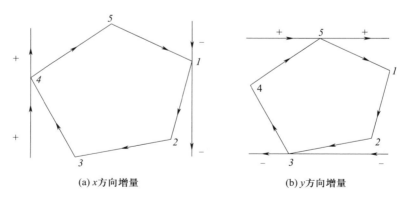

(a) x 方向增量　　　　　(b) y 方向增量

图 3-49　顺时针方向增量示意图

实际上由于导线边长测量误差和角度闭合差调整后的残余误差，使得实际计算所得不等于零，从而产生纵坐标增量闭合差 W_x 和横坐标增量闭合差 W_y，即

$$\left.\begin{array}{l} W_x = \sum \Delta x \\ W_y = \sum \Delta y \end{array}\right\} \tag{3-18}$$

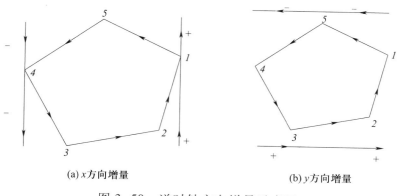

(a) x 方向增量　　　　　　　(b) y 方向增量

图 3-50　逆时针方向增量示意图

（3）计算导线全长闭合差 W_D 和导线全长相对闭合差 W_K　由于坐标增量闭合差 W_x、W_y 的存在，使导线不能闭合，W_D 称为导线全长闭合差，并用下式计算

$$W_\text{D} = \sqrt{W_x^2 + W_y^2} \tag{3-19}$$

仅从 W_D 值的大小还不能说明导线测量的精度，衡量导线测量的精度还应该考虑到导线的总长。将 W_D 与导线全长 $\sum D$ 相比，以分子为 1 的分数表示，称为导线全长相对闭合差 W_K，即

$$W_\text{K} = \frac{W_\text{D}}{\sum D} = \frac{1}{\dfrac{\sum D}{W_\text{D}}} \tag{3-20}$$

以导线全长相对闭合差 W_K 来衡量导线测量的精度，W_K 的分母越大，精度越高。不同等级的导线，其导线全长相对闭合差的允许值不同，图根导线全长相对闭合差允许值 W_KP 为 1/2 000。

如果 $W_\text{K} > W_\text{KP}$，说明成果不合格，此时应对导线的内业计算和外业工作进行检查，必要时须重测。

如果 $W_\text{K} \leqslant W_\text{KP}$，说明测量成果符合精度要求，可以进行调整。

本例中 W_x、W_y、W_D 及 W_K 的计算见表 3-12 辅助计算栏。

（4）调整坐标增量闭合差　调整的原则是将 W_x、W_y 反号，并按与边长成正比的原则，分配到各边对应的纵、横坐标增量中去。以 v_{xi}、v_{yi} 分别表示第 i 边的纵、横坐标增量改正数。

本例中导线边 1—2 的坐标增量改正数为：

$$v_{x12} = -\frac{W_x}{\sum D} \cdot D_{12}$$

$$v_{y12} = -\frac{W_y}{\sum D} \cdot D_{12}$$

用同样的方法，计算出其他各导线边的纵、横坐标增量改正数，填入表 3-13 第 7、8 列坐标增量值相应方格的上方。

计算检核:纵、横坐标增量改正数之和应满足下式

$$\sum v_{xi} = -W_x$$

$$\sum v_{yi} = -W_y$$

（5）计算改正后的坐标增量　各边坐标增量计算值加上相应的改正数,即得各边的改正后的坐标增量。

本例中导线边 1—2 改正后的坐标增量为

$$\Delta x = \Delta x' + v_x$$

$$\Delta y = \Delta y' + v_y$$

用同样的方法,计算出其他各导线边的改正后坐标增量,填入表第9、10列内。

计算检核:改正后纵、横坐标增量之代数和应分别为零。

4. 计算各导线点的坐标

根据起始点 1 的已知坐标和各导线边改正后的坐标增量,按下式依次推算出各导线点的坐标

$$x = x' + \Delta x$$

$$y = y' + \Delta y$$

将推算出的各导线点坐标,填入表 3-12 中的第 11、12 列内。最后还应再次推算起始点 1 的坐标,其值应与原有的已知值相等,以作为计算检核。

填入数据后计算结果见表 3-12。

知识拓展

一、附合导线坐标计算

附合导线的坐标计算与闭合导线的坐标计算基本相同,仅在角度闭合差的计算与坐标增量闭合差的计算方面稍有差别。

1. 角度闭合差的计算与调整

（1）计算角度闭合差　根据 $\alpha_{前} = \alpha_{后} + n \times 180° \pm \sum \beta$,可以选择 $\alpha_{前}$ 或 $\alpha_{后}$ 或 $\sum \beta$ 作为核算的依据。式中 $\alpha_{前}$ 表示终边方位角、$\alpha_{后}$ 表示起始边方位角、$\sum \beta$ 表示观测角总和。

如图 3-51 所示,选择 $\alpha_{前}$ 作为核算的依据:根据起始边 AB 的坐标方位角及观测的各左角,按式（3-16）推算 CD 边的坐标方位角 α'_{CD},再与已知的 α_{CD} 比较,计算角度闭合差。

表 3-12　导线坐标计算表

点号	观测角（左角）（° ′ ″）	v(″)	改正角（左角）（° ′ ″）	方位角（° ′ ″）	D/m	增量计算		改正后增量		坐标值		点号
						Δx′	Δy′	Δx	Δy	x	y	
1	2	3	4	5	6	7	8	9	10	11	12	13
1	3 37 50（右角）		356 22 10									
2	178 36 00（右角）		181 24 00	181 30 20						1 147.387	967.219	2
I	93 41 55	−17	93 41 38	357 52 30	91.817	91.754	−3.404	91.754	−3.404	982.708	962.891	I
C	176 09 51	−17	176 09 34	359 16 30	76.697	76.691 (−2)	−0.970 (−3)	76.689	−0.973	1 074.462	959.487	C
D	91 33 40	−17	91 33 23	272 58 08	85.663	4.437 (−3)	−85.548 (−5)	4.434	−85.553	1 151.151	958.514	D
E	92 48 22	−17	92 48 05	269 07 42	83.567	−1.271 (−2)	−83.557 (−4)	−1.273	−83.561	1 155.585	872.961	E
F	173 37 21	−17	173 37 04	180 41 05	78.665	−78.659 (−2)	−0.940 (−3)	−78.661	−0.943	1 154.312	789.400	F
A	92 10 33	−17	92 10 16	93 29 10	88.376	−5.374 (−3)	88.212 (−6)	−5.377	88.206	1 075.651	788.457	A
B				87 06 14	82.934	4.190 (−2)	82.828 (−4)	4.188	82.824	1 070.274	876.663	B
C				359 16 30						1 074.462	959.487	C
Σ	720 01 42	−102	720 00 00		495.902	0.014	0.025	0	0			

辅助计算

$\sum\beta_{测} = 720°01'42''$

$\sum\beta_{理} = (n-2)\times180° = 720°$

$f_\beta = \sum\beta_{测} - \sum\beta_{理} = 102'' < \pm60''\sqrt{n}$
$= \pm60''\sqrt{6} \approx \pm147''$

$v_\beta = -\dfrac{f_\beta}{n} = -\dfrac{102''}{6} = -17''$

$\alpha_{21} = 180° + \arctan\dfrac{\Delta y_{21}}{\Delta x_{21}}$

$= 180° + \arctan\dfrac{(967.219-962.891)\,\text{m}}{(1\,147.387-982.708)\,\text{m}} \approx 181°30'20''$

$\alpha_{1C} = \alpha_{21} + 180° - \beta_1 = 181°30'20'' + 180° - 3°37'50'' = 357°52'30''$

$W_x = \sum\Delta x = 0.014\ \text{m} \qquad W_y = \sum\Delta y = 0.025\ \text{m}$

$W_D = \sqrt{W_x^2 + W_y^2} \approx 0.028\ \text{m}$

$W_K = 0.028\ \text{m}/495.902\ \text{m} \approx 1/17\,710 < 1/2\,000$

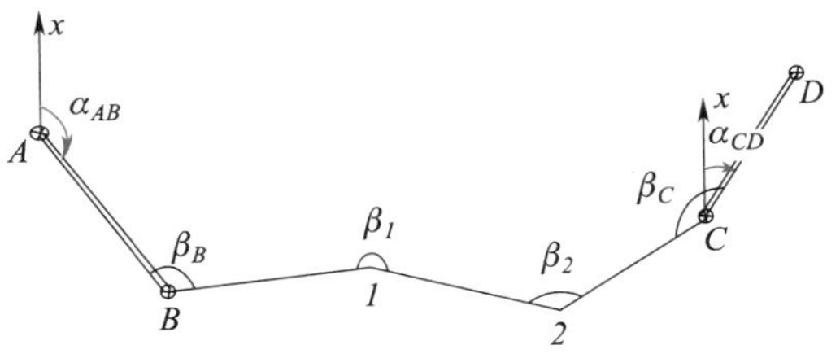

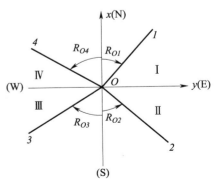

图 3-51 附合导线角度闭合差计算

选择 $\alpha_{后}$ 作为核算的依据：根据终边 CD 的坐标方位角及观测的各左角，按式（3-16）推算 AB 边的坐标方位角 α'_{AB}，再与已知的 α_{AB} 比较，计算角度闭合差。

选择 $\sum\beta$ 作为核算的依据：根据起始边 AB 的坐标方位角、终边 CD 的坐标方位角，按式（3-16）推算各观测角总和 $\sum\beta$，再与实际测量值 $\sum\beta'$ 比较，计算角度闭合差。

（2）调整角度闭合差 当角度闭合差在容许范围内，如果观测的是左角，则将角度闭合差反号平均分配到各左角上；如果观测的是右角，则将角度闭合差同号平均分配到各右角上。

基本原则是以理论值为基础，当测量值大于理论值时，将测量值减去角度闭合差；当测量值小于理论值时，将测量值加上角度闭合差；最终，测量值与理论值相符。选择 $\sum\beta$ 作为核算的依据能直观反映出加减计算时的正确性。

2. 坐标增量闭合差的计算

附合导线的坐标增量代数和的理论值应等于终、始两点的已知坐标值之差。

已知 $A(975.627, 1\,026.667)$，$B(894.116, 1\,071.997)$，$C(930.283, 1\,280.838)$，$D(994.250$ $1\,305.297)$。观测角（左角）β_B、β_1、β_2、β_C 分别为 $107°14'23''$、$209°43'53''$、$116°26'18''$、$156°36'36''$。$D_{B1} = 81.601\ \text{m}$、$D_{12} = 87.891\ \text{m}$、$D_{2C} = 64.877\ \text{m}$。完成表 3-13 导线坐标计算表。

二、象限角

1. 象限角的定义

由坐标纵轴的北端或南端起，沿顺时针或逆时针方向量至直线的锐角，称为该直线的象限角，用 R 表示，其角值范围为 $0° \sim 90°$。如图 3-52 所示，直线 $O1$、$O2$、$O3$ 和 $O4$ 的象限角分别为北东 R_{O1}、南东 R_{O2}、南西 R_{O3} 和北西 R_{O4}。

2. 坐标方位角与象限角的换算关系

由图 3-53 可以看出坐标方位角与象限角的换算关系：

在第 I 象限，$R = \alpha$；

在第 II 象限，$R = 180° - \alpha$；

在第 III 象限，$R = \alpha - 180°$；

在第 IV 象限，$R = 360° - \alpha$。

图 3-52 坐标方位角与象限角关系

表3-13　导线坐标计算表

点号	观测角（左角）(° ′ ″)	v(″)	改正角（左角）(° ′ ″)	方位角 (° ′ ″)	D/m	增量计算		改正后增量		坐标值		点号
						Δx′	Δy′	Δx	Δy	x	y	
1	2	3	4	5	6	7	8	9	10	11	12	13
A				150 55 14						975.627	1 026.667	A
B	107 14 23	−13	107 14 10	78 09 24	81.601	−2 16.747	+2 79.864	16.745	79.866	894.116	1 071.997	B
1	209 43 53	−13	209 43 40	107 53 04	87.891	−2 −26.991	+2 83.644	−26.993	83.646	910.861	1 151.863	1
2	116 26 18	−13	116 26 05	44 19 09	64.877	−2 46.417	+2 45.327	46.415	45.329	883.868	1 235.509	2
C	156 36 36	−13	156 36 23	20 55 31						930.283	1 280.838	C
D										994.250	1 305.297	D
Σ	590 01 10	−52	590 00 18		234.369	36.173	208.835	36.167	208.841			

辅助计算

$\sum \beta_{测} = 590°01'10''$

$\alpha'_{CD} = \alpha_{AB} + 4 \times 180° + \sum \beta \approx 20°56'24''$

$f_\beta = \alpha'_{CD} - \alpha_{CD} \approx 53'' < \pm 60''\sqrt{4} = 120''$

$v_\beta = -\dfrac{f_\beta}{n} = -\dfrac{53''}{4} \approx -13''$

$\alpha_{AB} = 90° + \arctan\dfrac{\Delta x_{AB}}{\Delta y_{AB}} \approx 90° + 60°55'14'' = 150°55'14''$

$\alpha_{CD} = \arctan\dfrac{\Delta y_{CD}}{\Delta x_{CD}} \approx 20°55'31''$

$W_x = \sum \Delta x - (x_C - x_B) = (36.173 - 36.167)\ \mathrm{m} = 0.006\ \mathrm{m} = 6\ \mathrm{mm}$

$W_y = \sum \Delta y - (y_C - y_B) = (208.835 - 208.841)\ \mathrm{m} = -0.006\ \mathrm{m} = -6\ \mathrm{mm}$

$W_D = \sqrt{W_x^2 + W_y^2} = \sqrt{6^2 + (-6)^2}\ \mathrm{mm} \approx 8.485\ \mathrm{mm}$

$W_K = \dfrac{8.485 \times 10^{-3}\ \mathrm{m}}{234.369\ \mathrm{m}} \approx \dfrac{1}{27\ 622} < \dfrac{1}{2\ 000}$

一、坐标正算

根据直线起点的坐标、直线长度及直线坐标方位角计算直线终点的坐标,称为坐标正算。

如图 3-53 所示,已知直线 AB 起点 A 的坐标为 (x_A, y_A),AB 边的边长及坐标方位角分别为 D_{AB} 和 α_{AB},需计算直线终点 B 的坐标。

直线两端点 A、B 的坐标值之差,称为坐标增量,用 Δx_{AB}、Δy_{AB} 表示。由图 3-53 可看出,坐标增量的计算公式为:

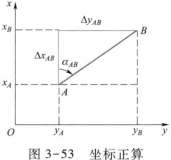

图 3-53　坐标正算

$$\left. \begin{array}{l} \Delta x_{AB} = x_B - x_A = D_{AB} \cdot \cos \alpha_{AB} \\ \Delta y_{AB} = y_B - y_A = D_{AB} \cdot \sin \alpha_{AB} \end{array} \right\} \quad (3-21)$$

根据式(3-21)计算坐标增量时,正弦(sin)和余弦(cos)函数值随着 α 所在象限而有正负之分,因此算得的坐标增量同样具有正、负号。坐标增量正、负号的规律见表 3-14。

表 3-14　坐标增量正、负号的规律

象限	坐标方位角 α	Δx	Δy
I	0°~90°	+	+
II	90°~180°	−	+
III	180°~270°	−	−
IV	270°~360°	+	−

在计算过程中,可以采取图示法,将角度计算分解一下,不容易出错。

则点 B 坐标的计算公式为:

$$\left. \begin{array}{l} x_B = x_A + \Delta x_{AB} = x_A + D_{AB} \cdot \cos \alpha_{AB} \\ y_B = y_A + \Delta y_{AB} = y_A + D_{AB} \cdot \sin \alpha_{AB} \end{array} \right\} \quad (3-22)$$

二、坐标反算

根据直线起点和终点的坐标,计算直线长度和坐标方位角,称为坐标反算。如图 3-53 所示,已知直线 AB 两端点的坐标分别为 (x_A, y_A) 和 (x_B, y_B),则直线长度 D_{AB} 和坐标方位角 α_{AB} 的基本计算公式为:

$$D_{AB} = \sqrt{\Delta x_{AB}^2 + \Delta y_{AB}^2} \quad (3-23)$$

$$\alpha_{AB} = \arctan \frac{\Delta y_{AB}}{\Delta x_{AB}} \qquad\qquad (3-24)$$

应该注意的是,坐标方位角的角值范围为 0°~360°,而反正切函数(arctan)的角值范围为 −90°~+90°,两者是不一致的。按公式(3−24)计算坐标方位角时,计算出的是象限角,因此,应根据坐标增量 Δx、Δy 的正、负号,按表决定其所在象限,再把象限角换算成相应的坐标方位角。

在计算过程中,为了计算的正确率,应该先画图示,确定角值的大概数值,再以锐角加减 90°或 180°、270°、360°来计算。

学习检测

一、填空

1. 象限角是由坐标纵轴的北端或南端量至直线的水平角,取值范围为_____。

2. 正反坐标方位角相差_____。

3. 某导线全长 620 m,算得 $W_x = 0.123$ m,$W_y = −0.162$ m,导线全长相对闭合差 $W_K =$ _____。

二、单选

1. 坐标方位角的取值范围为( )。

A. 0°~270°   B. −90°~90°   C. 0°~360°   D. −180°~180°

2. 地面上有 A、B、C 三点,已知 AB 边的坐标方位角 $\alpha_{AB} = 35°23'00''$,测得左夹角 $\angle ABC = 89°34'00''$,则 CB 边的坐标方位角 $\alpha_{CB} = ($)。

A. 124°57′00″   B. 304°57′00″   C. −54°11′00″   D. 305°49′00″

3. 已知 A、B 两点的边长为 188.43 m,坐标方位角为 146°07′06″,则 AB 的 x 坐标增量为( )。

A. −156.433 m   B. 105.176 m   C. 105.046 m   D. −156.345 m

4. 某直线的坐标方位角为 121°23′36″,则反坐标方位角为( )。

A. 238°36′24″   B. 301°23′36″   C. 58°36′24″   D. −58°36′24″

三、多选

1. 坐标反算是根据直线的起、终点平面坐标,计算直线的( )。

A. 斜距   B. 水平角   C. 水平距离

D. 方位角   E. 竖直距离

2. 导线坐标计算的基本方法是(　　　　)。

A. 坐标正算　　　　　B. 坐标反算　　　　　C. 坐标方位角推算

D. 高差闭合差调整　E. 导线全长闭合差计算

四、简答

1. 导线坐标计算的一般步骤是什么?

2. 当角度闭合差在允许范围内,如何调整角度闭合差?

3. 什么是坐标正算和坐标反算? 坐标反算时应注意什么?

五、计算

1. 已知如图 3-54 所示的坐标方位角,观测了图中四个水平角,试计算边长 $B{\to}1,1{\to}2,2{\to}3,3{\to}4$ 的坐标方位角。

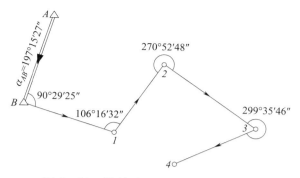

图 3-54　推算支导线的坐标方位角

2. 已知 $\alpha_{AB} = 89°12'01''$，$x_B = 3\ 065.347$ m，$y_B = 2\ 135.265$ m，坐标推算路线为 $B \rightarrow 1 \rightarrow 2$，测得坐标推算路线的右角分别为 $\beta_B = 32°30'12''$，$\beta_1 = 261°06'16''$，水平距离分别为 $D_{B1} = 123.704$ m，$D_{12} = 98.506$ m，试计算点 1、2 的平面坐标。

任务6　各控制点高程测量

图 3-55 所示为教学楼控制点。

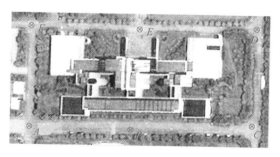

图 3-55　教学楼控制点

 任务目标

1. 通过水准测量观测，获得各控制点间的高差。

2. 根据已知高程，计算各控制点的高程。

任务内容

1. 知识点

（1）水准路线形式

（2）水准测量

2. 技能点

（1）水准测量的数据记录和计算

（2）判断测量精度

 知识解读

一、水准路线的布设形式

在水准点间进行水准测量所经过的路线称为水准路线。已知水准点用 BM 表示，在水准测量中一般采用高一等级的已知水准点。转点用 TP 表示，在水准测量中起传递高程的作用，转点位置不计算高程，为了提高测量精度，转点下可放置尺垫。相邻两个水准点间的路线称为测段。水准路线的布设形式与导线的布设形式基本一致，往往合一。

在一般的工程测量中，水准路线布设形式主要有附合水准路线、闭合水准路线和支水准路线三种形式。

1. 附合水准路线

（1）附合水准路线的布设方法　如图 3-56 所示，从已知水准点 BMA 出发，沿待定高程的水准点 1、2、3 进行水准测量，最后附合到另一已知高程的水准点 BMB 所构成的水准路线，称为附合水准路线。

闭合导线、
附合导线
坐标计算

图 3-56　附合水准路线

（2）成果检核　从理论上讲，附合水准路线各测段高差代数和应等于两个已知高程之间的高差，即：

$$\sum h = H_B - H_A$$

在测量过程中，由于仪器、观测者、环境等因素，各测段高差代数和 $\sum h$ 与其理论值 $H_B - H_A$ 存在差值，称为高差闭合差 f_h，即：

$$f_h = \sum h - (H_B - H_A) \tag{3-25}$$

2. 闭合水准路线

（1）闭合水准路线的布设方法　如图 3-57 所示，从已知高程的水准点 BMA 出发，沿待定高程的水准点 1、2、3、4 进行水准测量，最后又回到原出发点 BMA 的环形路线，称为闭合水准路线。

（2）成果检核　从理论上讲，闭合水准路线各测段高差代数和应等于零，即：

$$\sum h = 0$$

如果不等于零，则高差闭合差为：

$$f_h = \sum h \tag{3-26}$$

3. 支水准路线

（1）支水准路线的布设方法　如图 3-58 所示，从已知高程的水准点 BMA 出发，沿待定高程的水准点 1 进行水准测量，这种既不闭合又不附合的水准路线，称为支水准路线。支水准路线要进行往返测量，以作检核。

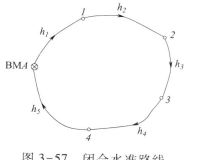

图 3-57　闭合水准路线

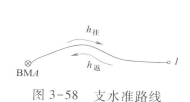

图 3-58　支水准路线

（2）成果检核　从理论上讲，支水准路线往测高差与返测高差的代数和应等于零，即

$$\sum h = 0$$

如果不等于零，则高差闭合差为：

$$f_h = h_{往} - h_{返} \tag{3-27}$$

水准测量不管采用何种路线形式，其高差闭合差均不应超过允许值，否则即认为观测结果不符合要求，要重新观测。

4. 高差闭合差允许值

（1）等外水准测量技术要求　等外水准测量又称为图根水准测量或普通水准测量，主要用于测定图根点的高程及工程水准测量。等外水准测量的主要技术要求见表 3-15。

表 3-15　等外水准测量的主要技术要求

等级	路线长度/ km	水准仪	水准尺	视线长度/ m	观测次数		往返较差、附合或环线闭合差	
					与已知点联测	附合或环线	平地/mm	山地/mm
等外	≤5	DS3	单面	100	往返各一次	往一次	$\pm 40\sqrt{L}$	$\pm 12\sqrt{n}$

注:L 为水准路线长度,km;n 为测站数。

（2）山地与平地判断。

① 当每公里测站数大于或等于 16 站时,判定为山地。即 $\dfrac{n}{L} \geqslant 16$（站）,按照山地的技术要求进行误差分析和改正。

② 当每公里测站数小于 16 站时,判定为平地。即 $\dfrac{n}{L} < 16$（站）,按照平地的技术要求进行误差分析和改正。

③ 当测量过程中无路程时,只能按照测站数判断;测量过程中无测站数时,只能按照路程判断。

二、等外水准测量

1. 等外水准测量简介

在控制点之间安置水准仪,观测各点之间的高差,计算高差闭合差,根据技术要求判断闭合差是否在误差允许范围之内,然后按比例分配误差,根据已知点计算各点高程。

2. 水准测量

（1）安置仪器、工具。如图 3-55 所示,在 AB 之间安置水准仪,在点 A、B 立水准尺。

（2）读数与记录。先观测后视点 A,再观测前视点 B,并记录中丝数值。

（3）迁站。尺 B 不移动,尺 A 移动到点 C,水准仪移动到 AC 之间。

（4）同上,读数与记录。

（5）循环到最后一站。尺 F 不动,尺 E 移动到点 A,水准仪移动到 FA 之间,读数并记录。

3. 误差判断与分配

（1）计算闭合水准路线高差闭合差。

（2）按照测站数计算高差闭合差允许值,判断是否超标。

（3）按照测站数分配高差闭合差。

（4）计算分配后的高差。

（5）根据已知高程计算各点高程。如果无已知高程,可假设点 A 高程为 0 或任意值。待测得点 A 高程后再计算其他各点实际高程。记录在表 3-16 普通水准测量手簿中。

表 3-16　普通水准测量手簿

测站	测点	水准尺读数/m		高差 h/m		高程 H/m	备注
		后视读数 a	前视读数 b	+	−		
1	BMA	1.503	/		0.028	10.000	
2	B	1.500	1.531		0.174	/	
3	C	1.474	1.674	0.035		/	
4	D	1.449	1.439		0.012	/	
5	E	1.410	1.461	0.095		/	
6	F	1.619	1.315	0.102		/	
	BMA	/	1.517			10.000	
计算检核	Σ	8.955	8.937	0.232	0.214	/	
		$\sum a - \sum b = 0.018$		$\sum h = 0.018$			/

三、内业计算

内业计算见表 3-17 水准测量成果计算表。

1. 高差闭合差计算

$$f_h = \sum h = (-0.028 - 0.174 + 0.035 - 0.012 + 0.095 + 0.102)\,\text{m}$$
$$= 0.018\,\text{m} = 18\,\text{mm}$$

2. 高差闭合差允许值计算

$$f_{h允} = \pm 40\sqrt{L} \approx \pm 40\sqrt{0.496}\,\text{mm} \approx \pm 28\,\text{mm}$$

$$f_h < f_{h允}$$

3. 高差改正数计算

$$v_{AB} = -\frac{f_h}{\sum D} \cdot D_{AB} = -\frac{18\,\text{mm}}{495.902\,\text{m}} \times 88.376\,\text{m} \approx -3.208\,\text{mm} \approx -3\,\text{mm}$$

高程测量
成果计算

表 3-17　水准测量成果计算表

点号	测站数	距离/m	实测高差/m	高差改正数/mm	改正后高差/m	高程/m
A	1	88.376	−0.028	−3	−0.031	10.000
B	1	82.934	−0.174	−3	−0.177	9.969
C	1	76.697	0.035	−3	0.032	9.792
D	1	85.663	−0.012	−3	−0.015	9.824
E	1	83.567	0.095	−3	0.092	9.809
F	1	78.665	0.102	−3	0.099	9.901
A						10.000
Σ	6	495.902	0.018	−18	0	/

辅助计算	$\dfrac{n}{\sum D} \approx \dfrac{6}{0.496} \approx 12$ 站 < 16 站，按平地校正。 $f_h = \sum h = 18$ mm $f_{h允} \approx \pm 40\sqrt{0.496}$ mm $\approx \pm 28$ mm　　$f_h < f_{h允}$

$$v_{BC} = -\frac{f_h}{\sum D} \cdot D_{BC} = -\frac{18 \text{ mm}}{495.902 \text{ m}} \times 82.934 \text{ m} \approx -3.010 \text{ mm} \approx -3 \text{ mm}$$

$$v_{CD} = -\frac{f_h}{\sum D} \cdot D_{CD} = -\frac{18 \text{ mm}}{495.902 \text{ m}} \times 76.697 \text{ m} \approx -2.784 \text{ mm} \approx -3 \text{ mm}$$

$$v_{DE} = -\frac{f_h}{\sum D} \cdot D_{DE} = -\frac{18 \text{ mm}}{495.902 \text{ m}} \times 85.663 \text{ m} \approx -3.109 \text{ mm} \approx -3 \text{ mm}$$

$$v_{EF} = -\frac{f_h}{\sum D} \cdot D_{EF} = -\frac{18 \text{ mm}}{495.902 \text{ m}} \times 83.567 \text{ m} \approx -3.033 \text{ mm} \approx -3 \text{ mm}$$

$$v_{FA} = -\frac{f_h}{\sum D} \cdot D_{FA} = -\frac{18 \text{ mm}}{495.902 \text{ m}} \times 78.665 \text{ m} \approx -2.855 \text{ mm} \approx -3 \text{ mm}$$

4. 高程计算

$H_B = H_A + h_{AB} = 10.000$ m $+ (−0.031)$ m $= 9.969$ m

$$H_C = H_B + h_{BC} = 9.969 \text{ m} + (-0.177) \text{ m} = 9.792 \text{ m}$$

$$H_D = H_C + h_{CD} = 9.792 \text{ m} + 0.032 \text{ m} = 9.824 \text{ m}$$

$$H_E = H_D + h_{DE} = 9.824 \text{ m} + (-0.015) \text{ m} = 9.809 \text{ m}$$

$$H_F = H_E + h_{EF} = 9.809 \text{ m} + 0.092 \text{ m} = 9.901 \text{ m}$$

最后复核 H_A 是否一致,以此检查中间各计算过程是否正确。

$$H_A = H_F + h_{FA} = 9.901 \text{ m} + 0.099 \text{ m} = 10.000 \text{ m}$$

H_A 数值前后一致,表示计算无误。

 知识拓展

一、水准测量的测站检核

为了提高测量精度,减少每一测站的误差,使每一测站的测量不重复,按照测量规范,测量中经常使用变换仪高法和双面尺法。

1. 变换仪高法

在同一个测站上调整仪器高度连续测量两次,对两次测量的高差进行检核。按照测量规范,仪器高度的差值应大于 10 cm。当两次所测高差之差不超过允许值时(例如等外水准测量允许值为±6 mm),取其平均值作为该测站最后结果,否则须重测。

2. 双面尺法

分别用双面水准尺的黑面和红面进行观测。利用前、后视的黑面和红面读数,分别算出两个高差。如果不符值不超过规定的限差(例如四等水准测量允许值为±5 mm),取其平均值作为该测站最后结果,否则须重测。

二、水准测量的等级及主要技术要求

三、四等水准测量常作为小地区测绘大比例尺地形图和施工测量的高程基本控制。三、四等水准测量的主要技术要求见表3-18。

表3-18　三、四等水准测量的主要技术要求

等级	路线长度/km	水准仪	水准尺	观测次数		往返较差、附合或环线闭合差	
				与已知点联测	附合或环线	平地/mm	山地/mm
三	≤50	DS1	因瓦	往返各一次	往一次	$±12\sqrt{L}$	$±3\sqrt{n}$
		DS3	双面		往返各一次		
四	≤16	DS3	双面	往返各一次	往一次	$±20\sqrt{L}$	$±6\sqrt{n}$

注:L 为水准路线长度,km;n 为测站数。

三、四等水准测量

1. 四等水准测量观测的基本要求

（1）水准仪安置的位置距离后视点和前视点的距离基本相等,在观测前应先用步测或钢尺测量确定大致位置,如图 3-59 所示。

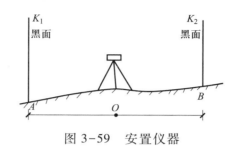

图 3-59　安置仪器

四等水准闭

合导线测量

（2）应选用两根红面数值不同的水准尺,分别标注 47 和 48。标注 47 的尺子底部数值应为 4.687,标注 48 的尺子底部数值应为 4.787。

（3）水准尺应扶正,使圆水准器气泡居中,避免倾斜对测量产生较大的影响。

（4）跑尺员集中注意力,随着观测顺序变换黑面和红面。

（5）除已知点和待测点外,为提高测量精度,减少水准尺转动或下沉的影响,在转点上均需要放置尺垫。

2. 四等水准测量观测的技术要求(表 3-19)

表 3-19　四等水准测量观测的技术要求

等级	水准仪	视线长度/m	前后视距差/m	前后视距累积差/m	视线高度/m	黑面、红面读数之差/mm	黑面、红面所测高差之差/mm
四	DS3	≤100	≤3	≤10	三丝能读数	≤3.0	≤5.0

3. 一个测站上的观测程序和记录

一个测站上的观测程序简称"后—前—前—后"或"黑—黑—红—红"。四等水准测量也可采用"后—后—前—前"或"黑—红—黑—红"的观测程序,下面介绍前一种观测程序。

（1）如图 3-60 所示,后视点黑面水准尺观测,按顺序读取上丝、下丝、中丝划定的水准尺数值,记录在表 3-20 中。

（2）前视点黑面水准尺观测,按顺序读取上丝、下丝、中丝划定的水准尺数值,记录在表 3-20 中。

（3）如图 3-61 所示,前视点红面水准尺观测,读取中丝划定的水准尺数值,记录在表 3-20 中。

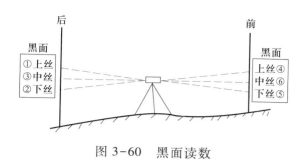

图 3-60 黑面读数

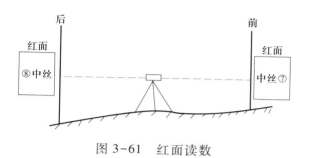

图 3-61 红面读数

（4）后视点红面水准尺观测，读取中丝划定的水准尺数值，记录在表 3-20 中。

（5）按步骤（1）～（4）完成其他测站的测量工作，并将读取的数值记录在表 3-20 中。

表 3-20 四等水准测量手簿（双面尺法）

测站编号	点号	后尺 上丝 下丝	前尺 上丝 下丝	方向及尺号	水准尺读数/m		K +黑-红/mm	平均高差/m	备注
		后视距	前视距		黑面	红面			
		视距差	$\sum d$						
		（1） （2） （9） （11）	（4） （5） （10） （12）	后 前 后-前	（3） （6） （15）	（8） （7） （16）	（14） （13） （17）	（18）	K 为尺常数,表中：$K_1=4.787$ $K_2=4.687$
1	BMA—B	1.571 1.197 37.4 -0.2	0.739 0.363 37.6 -0.2	后 K_1 前 K_2 后-前	1.384 0.551 0.833	6.171 5.239 0.932	0 -1 +1	+0.832 5	
2	B—C	2.121 1.747 37.4 -0.1	2.196 1.821 37.5 -0.3	后 K_2 前 K_1 后-前	1.934 2.008 -0.074	6.621 6.796 -0.175	0 -1 +1	-0.074 5	

续表

测站编号	点号	后尺 上丝 / 下丝 后视距 视距差	前尺 上丝 / 下丝 前视距 ∑d	方向及尺号	水准尺读数/m 黑面	红面	K +黑-红/ mm	平均高差/ m	备注
3	C—D	1.914 1.539 37.5 -0.2	2.055 1.678 37.7 -0.5	后 K_1 前 K_2 后-前	1.726 1.866 -0.140	6.513 6.554 -0.041	0 -1 +1	-0.140 5	
4	D—E	1.965 1.700 26.5 -0.2	2.141 1.874 26.7 -0.7	后 K_2 前 K_1 后-前	1.832 2.007 -0.175	6.519 6.793 -0.274	0 +1 -1	-0.174 5	
检核		$\sum(9)-\sum(10)=138.8\ \text{m}-139.5\ \text{m}=-0.7\ \text{m}$(与末站视距累积差相等) 总视距 $=\sum(9)+\sum(10)=278.3\ \text{m}$ $\sum[(3)+(8)]-\sum[(6)+(7)]=32.7\ \text{m}-31.814\ \text{m}=0.886\ \text{m}$ $\sum[(15)+(16)]=0.886\ \text{m}$ $\sum(18)=0.443\ \text{m}$ 即 $\sum[(3)+(8)]-\sum[(6)+(7)]=\sum[(15)+(16)]=2\sum(18)$							

4. 测站计算与检核

(1) 视距计算　观测后视距和前视距后,应该立即计算,如果不符合技术要求(下式小括号内数值),则必须重新观测。

$$视距=(上丝读数-下丝读数)\times100$$

后视距:$(9)=[(1)-(2)]\times100(\leqslant100\ \text{m})$

前视距:$(10)=[(4)-(5)]\times100(\leqslant100\ \text{m})$

前、后视距差:$(11)=(9)-(10)(\leqslant3\ \text{m})$

前、后视距累积差:$(12)=上站(12)+本站(11)(\leqslant10\ \text{m})$

(2) 水准尺读数　同一点红面与黑面的中丝读数之差应等于该尺的尺常数 K(4.687 或 4.787),中丝读数之差按下式计算:

$$(13)=(6)+K_前-(7)(\leqslant3\ \text{mm})$$

$$(14)=(3)+K_后-(8)(\leqslant3\ \text{mm})$$

(3) 高差计算与校核　同一测站,黑面所测得的高差应该等于红面所测得的高差。黑面高差(15)、红面高差(16)、平均高差(18)计算如下:

黑面高差：（15）=（3）-（6）

红面高差：（16）=（8）-（7）

黑、红面高差之差：（17）=（15）-［（16）±0.100］=（14）-（13）（校核用）

式中 0.100——两根水准尺的尺常数之差，m。

$$平均高差：（18）=\frac{（15）+［（16）±0.100］}{2}$$

当 $K_后$ =4.687 m 时，式中取+0.100 m；当 $K_后$ =4.787 m 时，式中取-0.100 m。

5. 每页计算的检核

（1）视距部分 后视距总和减前视距总和应等于末站视距累积差。即

$$\sum（9）-\sum（10）=末站（12）$$

$$总视距 = \sum（9）+\sum（10）$$

（2）高差部分 红、黑面后视读数总和减红、黑面前视读数总和应等于黑、红面高差总和，还应等于平均高差总和的两倍。即

测站数为偶数时

$$\sum［（3）+（8）］-\sum［（6）+（7）］=\sum［（15）+（16）］=2\sum（18）$$

测站数为奇数时

$$\sum［（3）+（8）］-\sum［（6）+（7）］=\sum［（15）+（16）］=2\sum（18）±0.100$$

 **知识要点**

水准测量的线路分为闭合水准路线、附合水准路线、支水准路线三种形式。根据待测地区的已知点条件决定采用何种形式的水准路线形式。

本任务主要介绍等外水准测量和四等水准测量。这两种水准测量主要是测量等级不同，要求的精度和测量方法不同。

 学习检测

一、填空

1. 四等水准测量中丝读数法的观测程序为_____、_____、_____、_____。

2. 四等水准测量水准尺观测的颜色程序为_____、_____、_____、_____。

3. 为了提高测量精度,减少每一测站的误差,使每一测站的测量不重复,按照测量规范,测量中经常使用_____和_____。

4. 水准路线的布设形式有_____、_____、_____。

5. 水准测量中两点间的高差 = (_____) - (_____)。

二、单选

1. 四等水准测量的允许值为(　　)mm。

A. ±3 B. ±5

C. ±4 D. ±6

2. 使用红面尺底为 4.687 m 的板式双面水准尺进行水准测量时,如果黑面读数是 2.580 m,则同一视线的红面读数是(　　)m。

A. 2.170 B. 2.580

C. 7.267 D. 4.687

3. 水准点分为(　　)和(　　)。

A. 控制点 B. 水准点

C. 中心点 D. 导线点

4. 国家标准《工程测量标准》(GB 50026—2020)规定,四等水准测量每测段测站数应为(　　)。

A. 奇数站 B. 偶数站

C. 不做要求 D. 视环境而定

三、多选

1. H_A 是后视点高程,a 是后视读数,H_B 是前视点高程,b 是前视读数,则高差计算式为(　　)。

A. $h_{AB} = a - b$ B. $h_{AB} = b - a$ C. $h_{AB} = H_A - H_B$

D. $h_{AB} = H_B - H_A$ E. $H_A + a = H_B + b$

2. 水准仪由(　　)三部分组成。

A. 基座 B. 调焦螺旋 C. 水准气泡

D. 望远镜 E. 水准器

四、简答

1. 什么是附合水准线路？

2. 什么是闭合水准路线？

3. 什么是支水准线路？

五、计算

1. 如图 3-62 所示，在水准点 BMA 至 BMB 间进行普通水准测量，试在普通水准测量手簿（表 3-21）中进行记录与计算，并做计算校核（已知 BMA = 138.952 m，BMB = 142.110 m）。

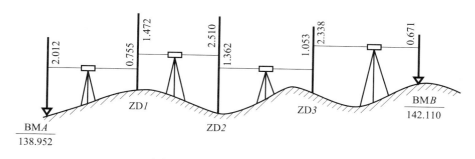

图 3-62　附合导线水准测量

2. 在水准点 BMA 至 BMB 间进行普通水准测量，所测得的各测段的高差和水准路线长如图 3-63 所示。已知 BMA 的高程为 5.612 m，BMB 的高程为 5.400 m。试将有关数据填在表 3-22 水准测量成果计算表（一）中，最后计算水准点 1 和 2 的高程。

表 3-21　普通水准测量手簿

测站	测点	水准尺读数/m		高差 h/m		高程 H/m	备注
		后视读数 a	前视读数 b	+	−		
计算检核	Σ	$\sum a - \sum b =$		$\sum h =$		$H_B - H_A =$	

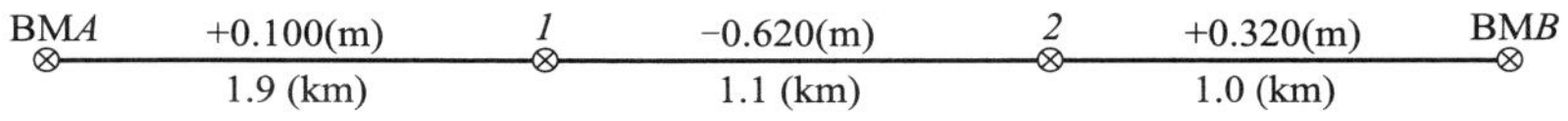

BMA　　　+0.100(m)　　　1　　　−0.620(m)　　　2　　　+0.320(m)　　　BMB
⊗　　　　　1.9 (km)　　　⊗　　　1.1 (km)　　　⊗　　　1.0 (km)　　　⊗

图 3-63　附合导线水准测量(一)

表 3-22　水准测量成果计算表(一)

点号	路线长/km	实测高差/m	高差改正数/mm	改正后高差/m	高程/m
BMA					5.612
1					
2					
BMB					5.400
Σ					

$H_B - H_A =$

$f_h =$

$f_{h允} =$

每公里改正数 =

3. 在水准点 BMA 至 BMB 间进行普通水准测量,测得各测段的高差及测站数 n_i 如图 3-64 所示。试将有关数据填在表 3-23 水准测量成果计算表(二)中,最后计算出水准点 1 和 2 的高程(已知 BMA 的高程为 5.612 m,BMB 的高程为 5.412 m)。

BMA ⊗ ——+0.100(m)—— 1 ⊗ ——-0.620(m)—— 2 ⊗ ——+0.302(m)—— ⊗ BMB
　　6(站)　　　　　5(站)　　　　　7(站)

图 3-64　附合导线水准测量(二)

表 3-23　水准测量成果计算表(二)

点号	测站数	实测高差/m	高差改正数/mm	改正后高差/m	高程/m
BMA					5.612
1					
2					
BMB					5.412
Σ					

$H_B - H_A =$

$f_h =$

$f_{h允} =$

每站改正数 =

任务 7　测绘建筑物平面图

图 3-65 所示为底层平面图测绘工作情境。

(a) 展点

(b) 碎部测量

图 3-65　底层平面图测绘

任务目标

根据各控制点坐标,通过碎部测量绘制教学楼底层平面图。

 任务内容

1. 知识点

(1)控制点展绘

(2)碎部测量

(3)绘图

2. 技能点

(1)特征点选择

(2)夹角、距离测量

 知识解读

地物是地面上有明显轮廓的,天然形成或人工建造的各种固定物体,如江河、湖泊、道路、桥梁、房屋和农田等的总称。地貌是地球表面的高低起伏状态,如高山、丘陵、平原、洼地等的总称。地物和地貌总称为地形。

通过实地测量,将地面上各种地物和地貌沿垂直方向投影到水平面上,并按一定的比例尺,用《国家基本比例尺地图图式》统一规定的符号和注记,将其缩绘在图纸上,这种表示地物的平面位置和地貌起伏情况的图,称为地形图。在图上主要表示地物平面位置的地形图,称为平面图。

教学楼底层平面图测绘是根据测量的方法和步骤,在图纸上按照比例描绘教学楼及周边地物轮廓的测绘过程,是地形图测绘的基础。

一、比例尺

地形图上任一线段的长度与它所代表的实际水平距离之比,称为地形图比例尺。

1. 比例尺的种类

(1)数字比例尺 数字比例尺用分子为1,分母为整数的分数表示。设图上一线段长度为 d,相应实地的水平距离为 D,则该地形图的比例尺为

$$\frac{d}{D} = \frac{1}{\dfrac{D}{d}} = \frac{1}{M} \qquad (3-28)$$

式中　M——比例尺分母。M 值越小,比例尺越大,表示地物地貌越详尽。M 值越大,比例尺越小,表示地物地貌越粗略。数字比例尺一般写成 1:100、1:1 000、1:2 000 等。

（2）图示比例尺　最常见的图示比例尺为直线比例尺,通常印刷在图纸的下方。使用时,用分规（两脚规）直接在地图上点取直线段的水平距离,然后到图示比例尺上比较,得出所量取直线段的实际长度,如图 3-66 所示。

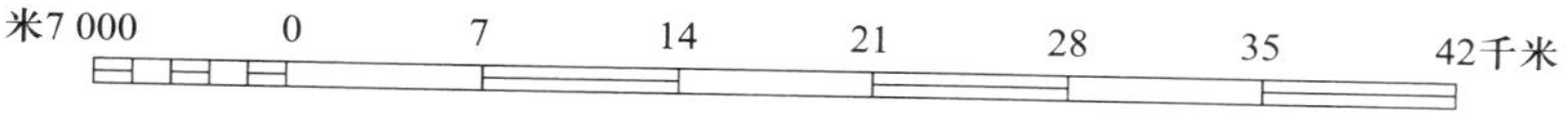

图 3-66　图示比例尺

这种类型的比例尺量取的实际尺寸,不会由于图纸收缩等原因造成误差偏大。

2. 地形图按比例尺分类

（1）小比例尺地形图　1:25 万、1:50 万、1:100 万比例尺的地形图称为小比例尺地形图。小比例尺地形图一般由中比例尺地形图缩小编绘而成。

（2）中比例尺地形图　1:2.5 万、1:5 万、1:10 万比例尺的地形图称为中比例尺地形图。中比例尺地形图系国家的基本图,由国家测绘部门负责测绘。

（3）大比例尺地形图　1:500、1:1 000、1:2 000、1:5 000、1:10 000 比例尺的地形图称为大比例尺地形图。工程建筑类各专业通常使用大比例尺地形图。因此,本项目重点介绍大比例尺地形图的基本知识。

3. 比例尺精度

通常人眼能分辨的图上最小距离为 0.1 mm。因此,地形图上 0.1 mm 的长度所代表的实际水平距离,称为比例尺精度,用 ε 表示,即

$$\varepsilon = 0.1M \tag{3-29}$$

几种常用地形图的比例尺精度见表 3-24。

表 3-24　几种常用地形图的比例尺精度

比例尺	1:5 000	1:2 000	1:1 000	1:500
比例尺精度/m	0.50	0.20	0.10	0.05

根据比例尺精度,可确定测绘地形图时测量距离的精度;另外,如果规定了地形图上要表示的最短长度,根据比例尺精度,可确定测图的比例尺。

二、图纸准备

测绘地形图的图纸,以往都是采用优质绘图纸。为了减小图纸的变形,将图纸裱糊在锌板、铝板或胶合板上。目前作业单位多采用聚酯薄膜代替绘图纸。

聚酯薄膜是一面打毛的半透明图纸,其厚度为 0.07~0.1 mm,伸缩率很小,且坚韧耐湿,沾

污后可洗,可直接在图纸着墨,复晒蓝图,如图 3-67 所示。但聚酯薄膜怕折、易燃,在测图、使用和保管时应注意防折防火。图纸上精确地绘有 10 cm× 10 cm 的直角坐标方格标记,方便展绘时使用。

对于临时性测图,应选择质地较好的绘图纸,可直接固定在图板上进行测图。

图 3-67　聚酯薄膜

三、控制点的展绘

根据平面控制点坐标值,将其点位在图纸上标出,称为展绘控制点。

1. 确定绘图区域的范围

根据项目三任务 5 的表 3-12 导线坐标计算表中的坐标值,计算绘图区域长度 Δy 和宽度 Δx,注意精度取位。

$$\Delta x = x_{max} - x_{min} = 1\ 155\ m - 982\ m = 173\ m$$

$$\Delta y = y_{max} - y_{min} = 967\ m - 788\ m = 179\ m$$

2. 选择比例尺,使图纸范围满足绘图区域

一般图纸大小为 40 cm×50 cm,在常用比例尺中选用 1 :500,则测图范围为 200 m×250 m,包含了本项目的测区范围。

3. 计算图纸左下角的起始坐标,使绘图区域位于图纸的中心位置

$$x_{start} = x_{min} - \frac{图纸宽度 - \Delta x}{2} = 982\ m - \frac{200\ m - 173\ m}{2} = 968.5\ m$$

$$y_{start} = y_{min} - \frac{图纸长度 - \Delta y}{2} = 788\ m - \frac{250\ m - 179\ m}{2} = 752.5\ m$$

式中　x_{start}——x 轴方向的起始数值;

　　　y_{start}——y 轴方向的起始数值;

　图纸宽度——x 轴方向按照比例尺计算的数值;

　图纸长度——y 轴方向按照比例尺计算的数值。

为方便坐标点位的注记,对起始坐标取整,则 $x_{start} = 970\ m$,$y_{start} = 750\ m$。

x 轴方向每隔 10 cm 的标注分别为 970、1 020、1 070、1 120、1 170。

y 轴方向每隔 10 cm 的标注分别为 750、800、850、900、950、1 000。

本例中,由于图纸范围的限制,x 轴的坐标分布在运用中可能不太方便,假如条件允许,应该选择与 y 轴相同的 50、100 的标记方式。

4. 展绘控制点

在图纸中标注项目三任务 5 的表 3-12 导线坐标计算表中的各控制点坐标值,并标记

点名。

如图 3-68 所示,在确定了起始坐标后,开始展绘控制点。之后,应进行检核,用比例尺在图上量取相邻两点间的长度,和已知的距离相比较,其差值不得超过图上的 0.3 mm,否则应重新展绘。

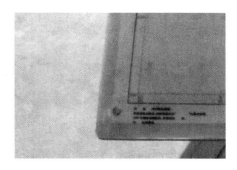

图 3-68　确定起始坐标

四、碎部点的选择

碎部点的正确选择,是保证成图质量和提高测图效率的关键。碎部点的选择方法如下:

1. 地物特征点的选择

地物特征点主要是地物轮廓的转折点,如房屋的房角,围墙、电力线的转折点,道路河岸线的转弯点、交叉点,电杆、独立树的中心点等。连接这些特征点,便可得到与实地相似的地物形状。由于地物形状极不规则,一般规定,主要地物凹凸部分在图上大于 0.4 mm 时均应表示出来;在地形图上小于 0.4 mm 时可以用直线连接。

2. 地貌特征点的选择

地貌特征点应选在最能反映地貌特征的山脊线、山谷线等地形线上,如山顶、鞍部、山脊和山谷等地形变换处、山坡倾斜变换处和山脚地形变换的地方,如图 3-69 所示的山丘特征点。

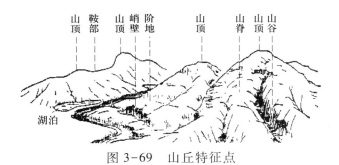

图 3-69　山丘特征点

此外,为了能真实地表示实地情况,在地面平坦或坡度无明显变化的地区,碎部点的最大间距和最大视距均应符合表 3-25 的规定。

表 3-25　碎部点的最大间距和最大视距

测图比例尺	碎部点最大间距/m	最大视距/m			
		主要地物点		次要地物点和地貌点	
		一般地区	城市建筑区	一般地区	城市建筑区
1∶500	15	60	50	100	70
1∶1 000	30	100	80	150	120
1∶2 000	50	180	120	250	200
1∶5 000	100	300	—	350	—

五、经纬仪测绘法

1. 绘图工具

采用经纬仪绘图,除了经纬仪之外,可辅以钢尺或水准尺,其他工具包括绘图纸、三角板、量角器、比例尺、大头针、图钉、橡皮、铅笔,如图 3-70 所示。

平面图绘制

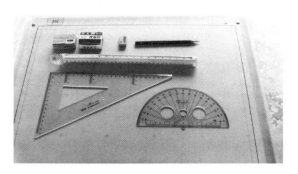

图 3-70　绘图所需工具

2. 测绘步骤

将经纬仪安置在控制点上,绘图板安置于测站旁,用经纬仪测出碎部点方向与已知方向之间的水平角;再用视距测量方法测出测站到碎部点的水平距离及碎部点的高程;然后根据测定的水平角和水平距离,用量角器和比例尺将碎部点展绘在图纸上,并在点的右侧注记其高程;最后对照实地情况,按照地形图图式规定的符号绘出地形图。

在一个测站上的测绘工作步骤如下:

（1）安置仪器　如图 3-71 所示,将经纬仪安置在控制点 A 上,对中、整平,瞄准后视点 B 上的花杆,设置水平度盘读数为 $0°00'00''$ 附近,则 AB 称为起始方向。

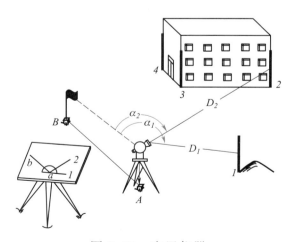

图 3-71　安置仪器

将绘图板安置在测站旁边,使图纸上控制边方向与地面上相应控制边方向大致一致。连接图上相应控制点 a、b,并适当延长线 ab,则 ab 为图上起始方向线。然后用大头针通过量角器

圆心的小孔插在点 a，使量角器圆心固定在点 a 处。

（2）立尺 在立尺之前，跑尺员应根据实地情况及本测站测量范围，与观测员、绘图员共同商定跑尺路线，然后依次将视距尺（水准尺）立在地物、地貌特征点上。现将视距尺（水准尺）立于点 1 上，如图 3-72 所示。

图 3-72 立尺

（3）观测 观测员将经纬仪瞄准点 1 视距尺（水准尺），读上、下丝读数、中丝读数 v、竖盘读数 L 及水平角 β。同法观测 2、3、4 等各点。在观测过程中，应随时检查定向点方向，其归零差不应大于 4′。否则应重新定向。

（4）记录与计算 将观测数据上、下丝读数、中丝读数 v、竖盘读数 L 及水平角 β 逐项记入表 3-26 相应栏内。根据观测数据，用视距测量计算公式计算出水平距离和高程，填入表 3-26 内。在备注栏内注明重要碎部点的名称，如房角、山顶、鞍部等，以便必要时查对和作图。

表 3-26 碎部测量手簿

测点	上丝 下丝	尺间隔 l/m	中丝 读数 v/m	水平角 β	竖盘读数 L/m	水平距离 D/m	高差 h/m	高程 H/m	备注
1	1.571 1.439	0.132	1.506	35°40′	86°35′18″	13.2	0.648	5.231	右梯脚
2	1.497 1.354	0.143	1.424	150°30′	87°18′24″	14.3	0.617	5.2	左梯脚

（测站：A 定向点：B 仪器：DJ6 $i=1.37$ $H_A=4.583$）

水平距离根据下式计算：

$$D = Kl \cdot \cos^2\alpha$$

式中 K——尺常数，一般取 100；

　　　l——尺间隔，上丝读数-下丝读数；

　　　α——竖直角值。

得

$$D_1 = 100 \times 0.132 \text{ m} \times \cos^2 3°24′42″ \approx 13.153 \text{ m}$$

$$D_2 = 100 \times 0.143 \text{ m} \times \cos^2 2°41'36'' \approx 14.268 \text{ m}$$

高差根据下式计算:

$$h = D \cdot \tan \alpha + i - v$$

式中　D——水平距离;

　　　i——仪器高,取至 cm;

　　　v——中丝读数。

得　　　　　$h_{A1} = 13.153 \text{ m} \times \tan 3°24'42'' + 1.37 \text{ m} - 1.506 \text{ m} = 0.648 \text{ m}$

　　　　　　$h_{A2} = 14.268 \text{ m} \times \tan 2°41'36'' + 1.37 \text{ m} - 1.424 \text{ m} = 0.617 \text{ m}$

　　　　　　$H_1 = H_A + h_{A1} = 4.583 \text{ m} + 0.648 \text{ m} = 5.231 \text{ m}$

　　　　　　$H_2 = H_A + h_{A2} = 4.583 \text{ m} + 0.617 \text{ m} = 5.2 \text{ m}$

（5）展点　转动量角器,将量角器上零方向线对准起始方向线 ab,如图 3-73 所示,在碎部点 1 的水平角角值 35°40′方向上做标记。然后在 $a1$ 方向线上,按测图比例尺根据所测的水平距离 13.2 m 定出点 1 的位置。同法,将其余各碎部点的平面位置绘于图上。

（6）绘图　参照实地情况,随测随绘,将建筑物轮廓绘制出来。在测绘地物、地貌时,必须遵守"看不清不绘"的原则。地形图上的图线、符号和注记一般在现场完成。要做到点点清、站站清、天天清。

为了相邻图幅的拼接,每幅图应测出图廓外 5 mm。自由图边(测区的边界线)在测绘过程中应加强检查,确保无误。

3. 增补测站点

地形测图时,应充分利用图根控制点设站测绘碎部点,若因视距限制或通视影响,在图根点上不能完全测出周围的地物和地貌时,可以采用测边交会、测角交会等方法增设测站点。也可以根据图根控制点布设经纬仪视距支导线,增设测站点,为了保证精度,支导线点的数目不能超过两个,布设支导线的精度要求不得超过表 3-27 的规定。布设经纬仪视距支导线的方法简便易行,测图时经常利用。下面就这种方法予以介绍。

如图 3-74 所示,从图根控制点 A 测定支导线点 1。经纬仪视距支导线法的具体施测步骤如下:

图 3-73　展绘点 1

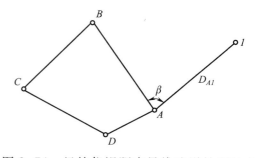

图 3-74　经纬仪视距支导线法增补测站点

（1）将经纬仪安置在控制点 A 上，对中、整平。用测回法测量 AB 与 $A1$ 之间的水平角 β 一测回，用量角器在图上画出 $a1$ 方向线。

（2）用视距法测出 A、1 两点间的水平距离 D_{A1} 和高差 h_{A1}，概略定出点 1 在图上的位置。

（3）再将经纬仪安置在点 1 上，在控制点 A 上立视距尺（水准尺），用同样的方法测定两点间的水平距离 D_{1A} 和高差 h_{1A}。

（4）若往、返两次测得距离之差不超过表 3-27 的规定时，取其平均值，按测图比例尺在方向线上定出补充测站点 1。

表 3-27　视距支导线技术要求

测图比例尺	总长/m	最大视距/m	边数	往返距离较差	备注
1:1 000	100	70	2		
1:2 000	200	100	2	1/150	当距离小于 100 m 时，按100 m执行
1:5 000	400	250	2		

六、碎部测量的注意事项

（1）施测前应对竖盘指标差进行检测，要求小于 $1'$。

（2）每一测站每测若干点或结束时，应检查起始方向是否为零，即归零差是否超限。若超限，应重新安置为 $0°00'00''$，然后逐点改正。

（3）每一测站测绘前，先对在另一控制点所测碎部点和测区内已测碎部点进行检查，碎部点检查应不少于两个。检查无误后，才能开始测绘。

（4）每一测站的工作结束后，应在测绘范围内检查地物、地貌是否漏测、少测，各类地物名称和地理名称等是否清楚齐全，在确保没有错误和遗漏后，可迁至下一站。

 知识拓展

教学楼底层平面图测绘也可以采用全站仪绘图。主要步骤如下：

一、采点

（1）在测站点上安置全站仪，在后视点和特征点上立棱镜。

（2）在简图上绘出相应的点位、标记相应的点号。

（3）在全站仪上输入测站点和后视点坐标。

（4）跟随简图依次在特征点上立棱镜。

（5）依次测量特征点坐标。

二、数据导出

（1）用数据线连接计算机和全站仪。

（2）打开 CASS 软件。

（3）将数据导出并在软件中打开。

三、绘图

（1）根据简图依次连接各点。

（2）按照图例,填充各部分功能,如草坪、灌木、路灯等。

📚 知识要点

一、比例尺

（1）常见的比例尺有数字比例尺和图示比例尺两种。

（2）比例尺精度用 $\varepsilon=0.1M$ 表示,ε 数值越大表示所绘地形图越粗略,数值越小表示所绘地形图越详细。

二、经纬仪绘图

经纬仪绘图主要采用经纬仪测量夹角,利用视距测量大概距离,采用量角器和比例尺在绘图纸上绘出特征点。

三、全站仪绘图

通过特征点采集,将全部点的坐标数据集中到全站仪中,导出数据到计算机上。通过 CASS 软件再配合各点的简图,将各点连接起来,再配以图例符号。

学习检测

一、填空

1. 常见的比例尺有_____和_____两种。

2. _____是直接提供测图使用的平面或高程控制点。

3. 地物和地貌总称为_____。

4. 经纬仪测绘法的测量步骤是 _____、立尺、观测、_____、_____、_____。

二、单选

1. 下列四种比例尺地形图,比例尺最大的是(　　)。

A. 1 : 5 000　　　　B. 1 : 2 000　　　　C. 1 : 1 000　　　　D. 1 : 500

2. 地形图的比例尺用分子为 1 的分数形式表示时,(　　)。

A. 分母大,比例尺大,表示地形详细　　　B. 分母小,比例尺小,表示地形概略

C. 分母大,比例尺小,表示地形详细　　　D. 分母小,比例尺大,表示地形详细

3. 1 : 2 000 地形图的比例尺精度是(　　)。

A. 0.2 cm　　　　B. 2 cm　　　　C. 0.2 m　　　　D. 2 m

三、多选

碎部点的测定方法有(　　)。

A. 极坐标法　　　B. 方向交会法　　　C. 距离交会法

D. 直角坐标法　　　E. 方向距离交会法

四、简答

比例尺精度是如何定义的?有何作用?

五、操作

试采用全站仪测绘法测绘出教学楼平面图。

📖导读

　　数字测图是将数据以数字形式存储在计算机存储媒介上,用以表达地物、地貌特征点的空间集合。数字测图实质是一种全解析、机助测图的方法。数字测图工作包括数据采集(图4-1)和数字化绘图(图4-2)。

图 4-1　数据采集

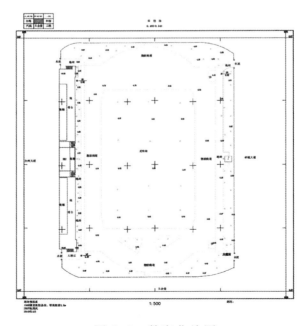

图 4-2　数字化绘图

任务1 数据采集

任务目标

测量小地区范围地物、地貌特征点,完成数据采集工作并绘制草图。

任务内容

1. 知识点

(1) GNSS

(2) 地物、地貌

(3) 地形图

2. 技能点

(1) RTK 操作

(2) 地物、地貌特征点数据采集

(3) 草图绘制

知识解读

GNSS 是 Global Navigation Satellite System 的英文缩写,中文译名为全球导航卫星系统,是利用卫星信号实现全球导航定位系统的总称。联合国确认的四大导航定位系统包括美国建立的 GPS 定位系统、俄罗斯建立的 GLONASS 定位系统、欧盟建立的 GALILEO(伽利略)定位系统、中国建立的北斗定位系统,其中能实现全球定位的只有 GPS 定位系统和北斗定位系统。随着我国实施创新驱动发展战略,培养造就了更多卓越工程师、大国工匠、高技能人才,GNSS 观测系统与数据处理技术的发展日新月异,不断取得新的重大进展。

一、GNSS 定位原理

根据几何理论,地球上的一个站点位置可以通过精确测量其到三颗卫星之间的距离,依照点到这个三角形(三颗卫星组成的三角形)的位置来确定。GNSS 是根据这个原理以 GNSS 卫星和用户接收机天线之间的距离为基准,根据已知的卫星瞬时坐标来确定用户接收机天线的位置。

GNSS 定位方法可用于测距定位,它根据无线电波的传播速度保持恒定的性质,以及传播路径的线性性质,通过测量空间中以电波的传播时间来确定距离差的卫星和用户接收机天线之间的距离差、距离,再以这些距离差为半径进行三球交汇,根据联立方程求解用户位置。因为卫星时钟难以与用户接收时钟维持严格的同步,受卫星时钟和接收时钟同步误差影响,实际距离观测不是真正的卫星和观测站之间的距离,而是包含距离误差,称此距离为伪距。为了实时计算并解算3点坐标分量和1个差分GNSS接收机时钟误差,需要至少四颗卫星的同步观测,下面是根据卫星$i(i=1、2、3、4)$瞬时位置(X_i,Y_i,Z_i)、卫星钟差Δt及四个伪距ρ_i来确定用户位置和接收机钟差参数的联立方程表达式:

$$\left.\begin{aligned}
\rho_1 &= \left[(X_1-X)^2+(Y_1-Y)^2+(Z_1-Z)^2\right]^{\frac{1}{2}}+C\Delta t \\
\rho_2 &= \left[(X_2-X)^2+(Y_2-Y)^2+(Z_2-Z)^2\right]^{\frac{1}{2}}+C\Delta t \\
\rho_3 &= \left[(X_3-X)^2+(Y_3-Y)^2+(Z_3-Z)^2\right]^{\frac{1}{2}}+C\Delta t \\
\rho_4 &= \left[(X_4-X)^2+(Y_4-Y)^2+(Z_4-Z)^2\right]^{\frac{1}{2}}+C\Delta t
\end{aligned}\right\} \tag{4-1}$$

式(4-1)有四个未知量,四个未知方程,通过解算即可得用户位置。GNSS的首要任务是精确定位。该系统的定位过程可以描述为:人造卫星在绕地球运行时不断向地球表面发射经过编码调制的连续波无线电信号,编码中载有卫星信号准确的发射信号,以及不同时刻卫星在空间的精确位置。卫星导航接收机接收卫星发出的无线电信号,测量信号的到达时刻,计算卫星和用户之间的距离,用导航定位算法解算到用户的位置。

二、GNSS 定位方法

GNSS定位方法按照参考点的位置和按用户接收机在作业中的运动状态进行划分。

1. 按照参考点的位置划分

(1)绝对定位　即在协议地球坐标系中,利用一台接收机来测定观测点相对于协议地球质心的位置,也称单点定位。这里可认为参考点与协议地球质心相重合。GPS定位所采用的协议地球坐标系为WGS-84坐标系。因此绝对定位的坐标最初成果为WGS-84坐标。

(2)相对定位　即在协议地球坐标系中,利用两台以上的接收机测定观测点至某一地面参考点(已知点)之间的相对位置,也就是测定地面参考点到观测点的坐标增量。由于星历误差和大气折射误差有相关性,所以通过观测值求差可消除这些误差,因此相对定位的精度远高于绝对定位的精度。

2. 按用户接收机在作业中的运动状态划分

(1)静态定位　即在定位过程中,将接收机安置在测站点上并固定不动。严格来说,这种静止状态只是相对的,通常指接收机相对于其周围点位没有发生变化。

(2)动态定位　即在定位过程中,接收机处于运动状态。

GNSS绝对定位和相对定位中,又都包含静态和动态两种方式,即动态绝对定位、静态绝对定位、动态相对定位和静态相对定位。

三、RTK 测量

RTK 是 Real-Time Kinematic 的缩写,是基于载波相位观测值的实时动态定位技术,它能够实时地提供测站点在指定坐标系中的三维定位结果,并达到厘米级精度。GNSS 测量,如静态、快速静态、动态测量,都需要事后进行解算才能获得厘米级精度,而 RTK 测量能够在野外实时得到厘米级精度,它采用了载波相位动态实时差分方法,是 GNSS 应用的重大里程碑,它的出现为工程放样、地形测图、各种控制测量带来了新曙光,极大地提高了外业作业效率。

在 RTK 作业模式下,基准站通过数据链将其观测值和测站点坐标信息一起传送给移动站。移动站不仅通过数据链接收来自基准站的数据,还要采集 GPS 观测数据,并在系统内组成差分观测值进行实时处理,同时给出厘米级定位结果,历时不到一秒钟。移动站可处于静止状态,也可处于运动状态,可在固定点上先进行初始化后再进入动态作业,也可在动态条件下直接开机,并在动态环境下完成整周模糊度的搜索求解。在整周未知数解固定后,即可进行每个历元的实时处理,只要能保持四颗以上卫星相位观测值的跟踪和必要的几何图形,移动站就可随时给出厘米级定位结果。

RTK 测量有以下优点:

(1) 作业效率高　RTK 测量仅需一人操作,在一般的电磁波环境下几秒钟即得一点坐标,作业速度快,劳动强度低,节省了外业费用,提高了劳动效率。

(2) 定位精度高,数据安全可靠,没有误差积累　只要满足 RTK 的基本工作条件,RTK 的平面精度和高程精度都能达到厘米级。

(3) 降低了作业条件要求　RTK 测量不要求两点间满足光学通视,只要求满足"电磁波通视"。因此,和传统测量相比,RTK 测量受通视条件、能见度、气候、季节等因素的影响和限制较小。在传统测量看来由于地形复杂、地物障碍而造成的难通视地区,只要满足 RTK 的基本工作条件,它也能轻松地进行快速高精度定位作业。

(4) RTK 测量自动化、集成化程度高,测绘功能强大　RTK 测量可胜任各种测绘内、外业。移动站利用内装式软件控制系统,无须人工干预便可自动实现多种测绘功能,极大减少了辅助测量工作,减少人为误差,保证了作业精度。

(5) 操作简便,容易使用,数据处理能力强　只要在设站时进行简单的设置,就可以边走边获得测量结果或进行坐标放样。数据输入、存储、处理、转换和输出能力强,能方便快捷地与计算机、其他测量仪器通信。

四、RTK 仪器的使用

1. 仪器组成

图 4-3~图 4-5 是苏州一光仪器有限公司生产的 A90 型 GNSS 接收机及其配件。该仪器

支持多达 555 通道多星系统,如中国北斗、欧盟 GALILEO、美国 GPS、俄罗斯 GLONASS、印度 IRNSS、日本 QZSS 以及 SBAS 卫星增强系统,并支持各卫星系统的多个民用波段。在多种复杂地形条件,密集遮挡和较恶劣的电磁干扰环境下,仍能坚持工作,提供精度可靠的定位解算。A90 型 GNSS 接收机静态测量精度:平面坐标为 ± 2.5 mm$+0.5$ppm$\times D$,高程为 ± 5 mm$+0.5$ppm$\times D$。动态测量精度:平面坐标为 ± 8 mm$+0.5$ppm$\times D$,高程为 ± 15 mm$+0.5$ppm$\times D$。ppm 表示百万分之一。该仪器初始化时间小于 10 s,可靠性大于 99.9%。

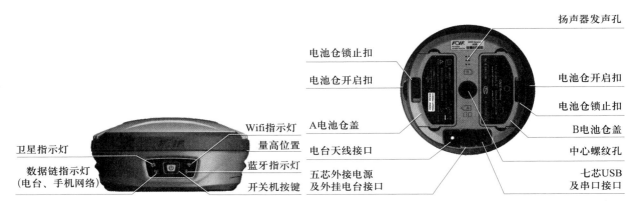

图 4-3　A90 型 GNSS 接收机

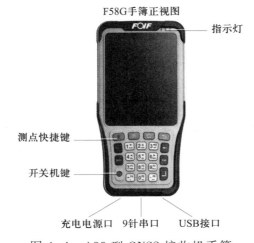

图 4-4　A90 型 GNSS 接收机手簿

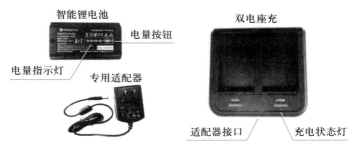

图 4-5　A90 型 GNSS 接收机电池及充电器

2. 仪器操作

（1）基准站设置

图4-6所示为外挂电台方式架设的基准站,其应架设在地势较高的地方,并满足以下要求:附近没有大面积的水域或者没有强烈干扰卫星信号接收的物体,减少多路径效应的影响;远离大功率的无线电发射源(电台、微波站等, 距离不小于200 m),远离高压输电线(距离不得小于50 m)。基准站架设在任意坐标位置,只需将脚架粗整平即可,然后将增高杆和圆形增高杆垫片装在脚架上。将基准站电池仓盖锁扣解锁,然后按开启扣,取下电池盖,安装好电池、手机卡(使用手机卡链路方式时才需要装入)。将仓盖盖回,并拨动锁止扣,锁紧仓盖。将接收机主机安放在脚架上的增高短杆上。按下开关机按键1 s,等到"嘀"的提示音后,松开按键即可开机。外挂电台固定在脚架侧面,将电台串口线连接到主机下方的五芯外挂电台接口。将外挂电台连接上UHF天线,外挂电台串口线连接上电台电源线,电台电源线另一端的两个电源夹夹在外接电源上(红正黑负),然后打开电台开关,选择频道。外挂电台的频道通过外挂电台面板上的频道切换按键设置。近距离可用外挂电台上的功率设置开关设到"低功率"挡,远距离则为"高功率"挡,且此时主机面板"高功率"指示灯亮起。电源指示灯若一直闪烁,说明电瓶电压低,需要充电。外接电瓶一般采用12 V铅酸电池即可,电压范围在10~18 V稳压直流即可。电瓶容量推荐大于36 A·h,冬季可选容量更大的电瓶。基准站设置为自动启动模式,则开机锁定卫星后,会提示是否在上次位置设站,此时按一下开关机按键确认,即可恢复上次设站位置,若不按键确认,10 s后自动按照当前单点定位启动基准站。如果需要修改链路或其他参数,则需通过手簿连接操作。

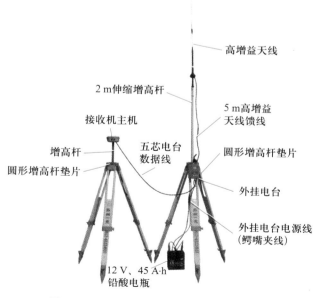

图4-6 外挂电台方式架设的基准站

（2）移动站架设

① 取出 A90 型 GNSS 接收机，装好主机电池，盖好并锁紧电池仓盖，将主机和手簿托架安装到对中杆上，如图 4-7 所示。

RTK 移动站架设

(a) 移动站仪器　　　　　　　　　　(b) 将主机和手簿托架安装到对中杆上

图 4-7　移动站仪器架设

② 如图 4-8 所示，利用支架将对中杆架设在基准点 b_3 上，并使对中杆水准气泡居中。

(a) 对中杆架设在基准点 b_3 上　　　　　　　　(b) 调平

图 4-8　移动站对中杆调平

③ 主机及手簿开机，如图 4-9 所示。

（3）移动站设置

① 手簿网络连接　点击"设置"，进入"设置"界面，选择"WLAN"，输入热点或无线网络密码，网络连接成功，如图 4-10 所示。

然后在待机界面点击"☺"进入主界面，如图 4-11 所示。

② 通信设置　点击主界面的"仪器"，然后点击"通讯设置"，选择主机型号，点击"连接"，如图 4-12 所示。

③ 移动站模式设置　通信连接成功后自动回到仪器界面，点击"移动站模式"将"截止角"设为"5"，关闭"记录原始数据"，"数据链"中的"通信模式"选用"手簿网络"，如图 4-13 所示。

(a) 主机开机

(b) 主机待机

(c) 手簿开机

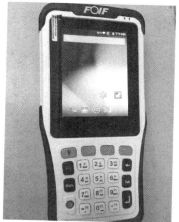

(d) 手簿待机界面

图 4-9 移动站主机及手簿开机

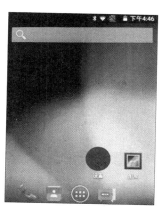

(a) 点击"设置"

(b) "设置"界面

(c) 选择"WLAN"

(d) 输入热点或无线网络密码

(e) WLAN连接成功

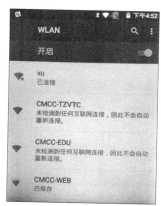

(f) 返回

图 4-10 手簿网络连接

 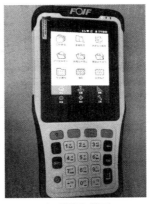

(a) 手簿待机界面   (b) 手簿主界面

图 4-11   手簿主界面

(a) 点击"仪器"   (b) 点击"通讯设置"   (c) 选择主机型号   (d) 点击"连接"

图 4-12   通信设置

RTK 通信
设置

  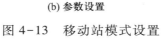 

(a) 点击"移动站模式"   (b) 参数设置   (c) 选择"手簿网络"

图 4-13   移动站模式设置

"天线参数"中的"量取高度"按照对中杆使用的高度刻度填写,"量取方式"为"杆高","卫星系统"保持启用 GPS、GLONASS、BeiDou、Galileo 即可。输入 CORS 账号密码以及接入点名称,点击"开始",然后点击"应用",移动站模式设置完成,回到仪器界面,如图 4-14 所示。

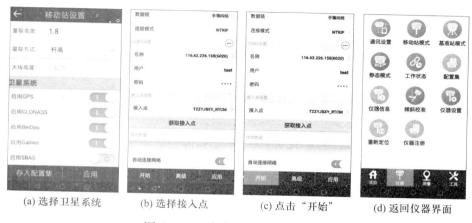

(a) 选择卫星系统　(b) 选择接入点　(c) 点击"开始"　(d) 返回仪器界面

图 4-14　移动站模式参数设置

④ 新建项目　点击"项目",选择"项目管理",进入"项目"界面,点击"新建",如图 4-15 所示。

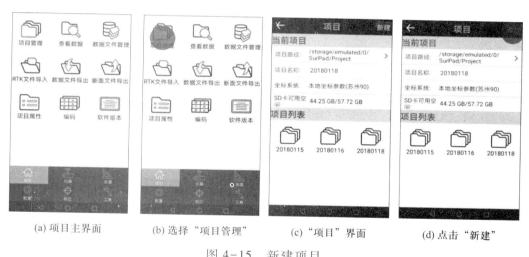

(a) 项目主界面　(b) 选择"项目管理"　(c) "项目"界面　(d) 点击"新建"

图 4-15　新建项目

然后输入项目名称。"坐标参数类型"设置中,一般只需要将"坐标系统参数"中的"椭球参数"和"投影参数"中的"中央子午线"按设计图纸选择即可,点击"确认",如图 4-16 所示。

⑤ 基准点坐标参数转换设置　点击手簿主界面的"工具",选择"转换参数",点击"增加",如图 4-17 所示。

输入当地基准点名称和坐标 b_3(523.905,524.740)。点击"$\textcircled{2}$"(大地坐标测量),得到点 b_3 的大地经纬坐标。在选项中,若有已知点准确的平面坐标,则将"是否使用平面校正"打开;如果没有高程坐标,则将对应高程校正关闭即可,点击"确定",基准点 b_3 坐标参数转换设置完成,如图 4-18 所示。

(a) 输入新建项目名称　　(b) 设置"椭球参数"　　(c) 输入当地中央子午线

图 4-16　项目参数设置

(a) 工具界面　　(b) 选择"转换参数"　　(c) "转换参数"界面　　(d) 点击"增加"

图 4-17　参数转换

(a) "增加"主界面　　(b) 输入已知点坐标

RTK 基准点
设置

(c) 大地经纬坐标　　　　　　(d) 点击"确定"　　　　　　(e) b_3 坐标输入完成

图 4-18　基准点 b_3 坐标输入

移动站移动至 b_4 基准点,使对中杆圆水准器气泡居中。按照上述方法,输入当地基准点名称和坐标 b_4(523.932,487.698),并点击"⊗"(大地坐标测量),得到点 b_4 的大地经纬坐标。点击"计算",进行基准点坐标参数转换,查看"四参数"中的"比例尺"是否接近 1,越接近 1 则精度越高,如图 4-19 所示。

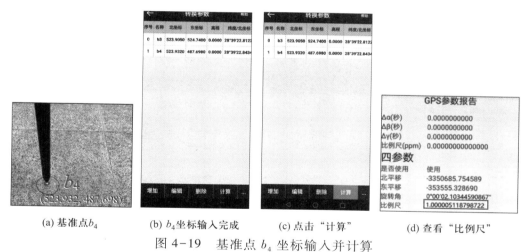

(a) 基准点 b_4　　　(b) b_4 坐标输入完成　　　(c) 点击"计算"　　　(d) 查看"比例尺"

图 4-19　基准点 b_4 坐标输入并计算

移动站移动至 b_5 校核点,测量该点坐标并与该点原有坐标相比较,误差在容许范围内可进行下一步碎部点测量。

(4) 数据采集

移动站模式设置完成后,采集地物、地貌特征点(也称碎部点)坐标、高程。将移动站移至地物、地貌特征点,地物特征点一般选择地物轮廓线上的转折点、交叉点,河流和道路的拐弯点,独立地物的中心点等。按要求完成小地区范围地物、地貌特征点数据采集工作,如图 4-20 所示。

点击手簿主界面的"测量",选择"点测量",进入"测量"界面点击"⊗",选择"地形点",得

图 4-20　地形点测量

到该点独立坐标、高程,查看该点的"解状态"是否为固定解,若是则保存该点,"点名"设为 1,
点击"确定",如图 4-21 所示。

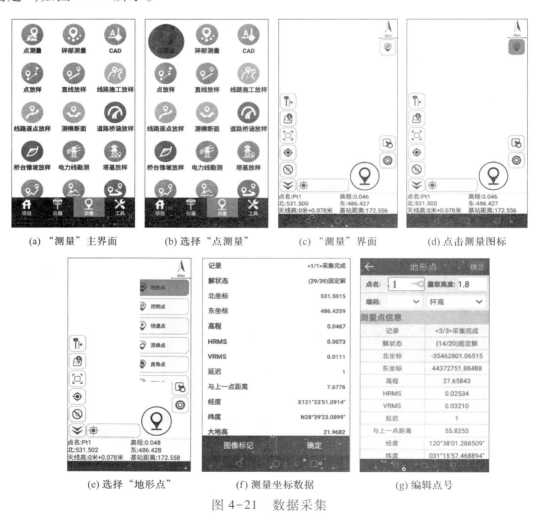

| (a)"测量"主界面 | (b)选择"点测量" | (c)"测量"界面 | (d)点击测量图标 |

| (e)选择"地形点" | (f)测量坐标数据 | (g)编辑点号 |

图 4-21　数据采集

依次测量小地区范围地物、地貌特征点,完成数据采集工作,并绘制小地区范围地物、地貌
特征点草图,如图 4-22 所示。

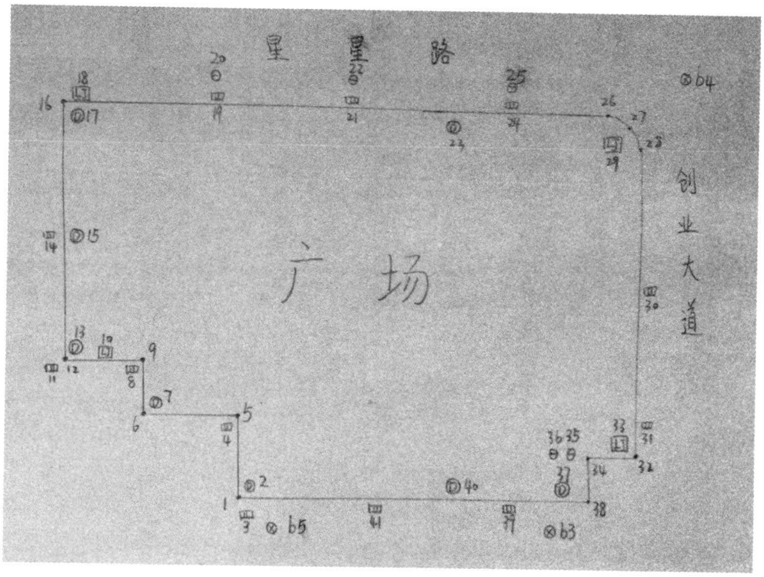

图 4-22　绘制草图

 知识拓展

地貌等高线测量,以一小山坡为例,其数据采集主要步骤如下:

一、地貌特征点数据采集

1. 在地貌特征点即碎部点上安置移动站,点击"点测量"。地貌特征点应该选择在最能反映地貌特征的山脊线、山谷线等地性线上,如山顶、鞍部、山脊和山谷的地性变换处、山坡倾斜变换处和山脚地形变换处。

2. 依次测量地貌特征点数据。

二、数据导出

1. 用数据线连接计算机和全站仪。

2. 打开 CASS9.1 软件。

3. 将数据导出并在软件中打开。

知识要点

一、GNSS

1. GNSS 定位原理。

2. GNSS 定位方法。按照参考点的位置不同,GNSS 定位方法可分为绝对定位和相对定位。按用户接收机在作业中的运动状态不同,GNSS 定位方法可分为静态定位和动态定位。

3. RTK(Real-Time Kinematic)技术是基于载波相位观测值的实时动态定位技术,它能够实时地提供测站点在指定坐标系中的三维定位结果,并达到厘米级精度。

二、地形图测量

利用 RTK 技术采集地物、地貌特征点坐标、高程数据,并绘制特征点草图。

学习检测

一、填空

1. GNSS 是 Global Navigation Satellite System 的英文缩写,中文译名为＿＿＿＿＿＿＿。

2. GNSS 定位方法按照参考点的位置不同划分为＿＿＿＿＿、＿＿＿＿＿。

3. 全球四大导航定位系统包括美国的 GPS 定位系统、＿＿＿＿＿定位系统、＿＿＿＿＿定位系统、＿＿＿＿＿定位系统。

4. GNSS 观测系统需要至少＿＿＿＿＿颗卫星的同步观测。

5. ＿＿＿＿＿是基于载波相位观测值的实时动态定位技术,它能够实时地提供测站点在指定坐标系中的三维定位结果,并达到厘米级精度。

二、单选

1. 数字测图是以(　　)形式表达地物、地貌特征点的集合形态,数字测图实质是一种全解析、机助测图的方法。

A. 文字　　　　　　B. 数字　　　　　　C. 栅格　　　　　　D. 图像

2. 数字测图是一种(　　)测图技术。

A. 图解法　　　　　B. 全解析法　　　　C. 半解析法　　　　D. 图示法

3. (　　)工作量轻,采集速度快,是我国测绘基本图的主要方法。

A. 航测法　　　　　B. 数字化仪法　　　C. 野外数字测图法　　D. 模拟测图法

4. 数字测图的(　　)是数字测图系统的关键。

A. 软件　　　　　　B. 计算机　　　　　C. 硬件　　　　　　D. 测绘仪器

三、多选

1. RTK 技术的优点有(　　)。

A. 效率高 　　　　　　　　　　　　B. 精度高

C. 操作简便 　　　　　　　　　　　D. 自动化、集成化程度高

2. GNSS 定位方法按用户接收机在作业中的运动状态不同划分为(　　　)。

A. 静态定位　　　　B. 动态定位　　　　C. 绝对定位　　　　D. 相对定位

3. 数字测图中描述地形点必须具备的三类信息为(　　　)。

A. 点的三维坐标 　　　　　　　　　B. 测点的属性

C. 测点的连接关系 　　　　　　　　D. 转点的选择

四、简答

简述 GNSS 定位原理。

任务 2　数字化绘图

任务目标

根据地物、地貌特征点采集的数据进行数字化绘图。

任务内容

1. 知识点

（1）比例尺

（2）地形图图式

（3）地形图

2. 技能点

（1）RTK 数据导入 CASS9.1 软件

（2）CASS9.1 数字化绘图

知识解读

地形测量的任务是测绘地形图。地形图测绘是以测量控制点为依据,按一定的步骤和方法将地物和地貌测设在图上,并用规定的比例尺和符号绘制成图。

一、地形图

地形图:通过实地测量,将地面上各种地物、地貌的平面位置,按一定的比例尺,用《国家基本比例尺地图图式》统一规定的符号和注记,缩绘在图纸上的平面图形,既表示地物的平面位置又表示地貌形态。

平面图:仅反映地物的平面位置,不反映地貌形态的图。

地图:将地球上的若干自然、社会、经济等现象,按一定的数学法则采用综合原则绘成的图。

测量主要研究地形图,它是地球表面实际情况的客观反映,各项建设都需要首先在地形图上进行规划、设计。

二、地形图要素

1. 地形图图名

每幅地形图都应该标注图名,通常以图幅内最著名的地名、村庄的名称等作为图名。图名标注在地形图北图廓上方中央。

2. 图号

为了区别各幅地形图所在的位置,每幅地形图上都编有图号。图号就是该图幅相应分幅法的编号,标注在北图廓上方的中央、图名的下方。大比例尺地形图多采用正方形分幅法,表4-1为1∶500、1∶1 000、1∶2 000和1∶5 000各种比例尺地形图的分幅情况。

表4-1 几种比例尺地形图图幅大小

比例尺	图幅大小/cm²	实地面积/km²	一幅1∶5 000地形图中所包含该比例尺图幅数
1∶5 000	40×40	4	1
1∶2 000	50×50	1	4
1∶1 000	50×50	0.25	16
1∶500	50×50	0.062 5	64

编号方法是采用图幅西南角坐标的公里数进行编号,x坐标在前,y坐标在后,中间用"—"相连。当测区面积较小或为带状测区时,也可按测区统一顺序进行编号。一般是从左到右,从上到下,用阿拉伯数字1、2、3…编号,有时也可在数字前加上测区名称,如图4-23所示。

3. 图廓

图廓是地形图的边界线,有内外图廓线之分。内图廓线就是坐标格网线,它是图幅的实际边界线,线粗0.1 mm。内图廓线内侧每隔10 cm绘出5 mm短线。外图廓线是图幅的最外边界线,实际是图纸的装饰线,线粗 0.5 mm。内外图廓线相距 12 mm,在内外图廓线之间标注坐标值。

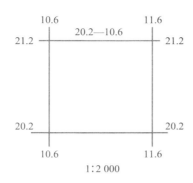
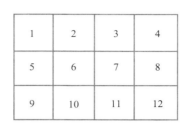

图 4-23　图幅编号

三、地物符号

地物指地面的各类建筑物、构筑物,道路,水系及植被等,表示这些地物的符号就是地物符号。地物符号根据其表示地物的形状和描绘方法的不同可分为:

1. 依比例尺符号

轮廓较大的地物,如房屋、运动场、湖泊、森林、田地等,凡能按比例把它们的形状、大小和位置缩绘在图上的符号,称为依比例尺符号。这类符号表示出地物的轮廓特征。

2. 不依比例尺符号

轮廓较小的地物或无法将其形状和大小按比例画到图上的地物,如三角点、水准点、独立树、里程碑、水井和钻孔等,采用一种统一规格、概括形象特征的象征性符号表示,这种符号称为不依比例尺符号。不依比例尺符号只表示地物的中心位置,不表示地物的形状和大小。

3. 半依比例尺符号

对于一些带状延伸地物,如河流、道路、通信线、管道、垣栅等,其长度可按测图比例缩绘,而宽度无法按比例表示的符号称为半依比例尺符号。这类符号一般表示地物的中心位置,但是城墙、垣栅等,其准确位置在其符号的底线上。

对地物加以说明的文字、数字或特定符号,称为地物注记。如地区、城镇、河流、道路名称,江河的流向、道路去向以及林木、田地类别等说明。

由于地物的种类繁多,为了在测绘和使用地形图中不至于造成混乱,各种地物在图上的表示方法必须有一个统一的标准。因此,国家测绘总局对地物在地形图上的表示方法规定了统一标准,这个标准称为《国家基本比例尺地图图式》。

四、地貌符号

地貌是地球表面起伏形态的统称,如高山、平原、盆地、陡坎等。大比例地形图经常用等高线表示地貌。

1. 等高线

等高线是一簇闭合曲线,在图上不仅能表达地面起伏变化的形态,还具有一定立体感。如图 4-24 所示,假设有一座小山头的山顶被水恰好淹没时的水面高程为 50 m,水位每退 5 m,则坡面与水面的交线即为一条闭合的等高线,其相应高程为 45 m、40 m、35 m…。将坡面与水面的各交线垂直投影在水平面上,按一定比例尺缩小,从而得到一簇表现山头形状、大小、位置以及起伏变化的等高线。由此,得到等高线的定义:地面上高程相等的各相邻点相连接的闭合曲线。

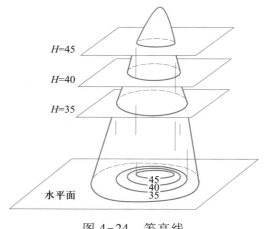

图 4-24　等高线

相邻等高线之间的高差 h,称为等高距或等高线间隔,在同一幅地形图上,等高距是相同的。用等高线表示地貌时,等高距选择过大,就不能精确显示地貌;反之,等高距选择过小,等高线密集,图面的清晰度就不好。因此,应根据地形和比例尺参照表 4-2 选用等高距。

表 4-2　地形图的基本等高距

地形类别	比例尺				备注
	1:500	1:1 000	1:2 000	1:5 000	
平地	0.5 m	0.5 m	1 m	2 m	等高距为 0.5 m 时,特征点高程可注至 cm,其余均注至 dm
丘陵	0.5 m	1 m	2 m	5 m	
山地	1 m	1 m	2 m	5 m	

按表 4-2 选定的等高距称为基本等高距,同一幅图只能采用一种基本等高距。等高线的高程应为基本等高距的整倍数。按基本等高距描绘的等高线称为首曲线,用细实线描绘;为了读图方便,高程为 5 倍基本等高距的等高线用粗实线描绘并注记高程,称为计曲线;当首曲线不能反映出地面局部地貌的变化时,可用 1/2 基本等高距(用长虚线绘制)加密的等高线(称为间曲线);更加细小的变化还可用 1/4 基本等高距(用短虚线绘制)加密的等高线(称为助曲线)。

2. 等高线表示典型地貌

地貌形态繁多,但主要由一些典型地貌组合而成。要用等高线表示地貌,关键在于掌握等高线表达典型地貌的特征,如图 4-25 所示。

山头(山丘)和洼地(盆地)的等高线表现为一组闭合曲线。在地形图上区分山头或洼地可采用高程注记或示坡线的方法。高程注记可在最高点或最低点上注记高程,或通过等高线的高程注记字头朝向确定山头(或高处)。示坡线是垂直于等高线的短线,用以指示斜坡降低的方向。示坡线从内圈指向外圈,说明中间高,四周低,由内向外为下坡,故为山头或山丘;示坡

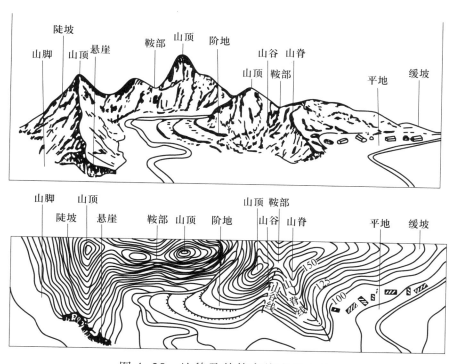

图 4-25　地貌及其等高线表示方法

线从外圈指向内圈,说明中间低,四周高,由外向内为下坡,故为洼地或盆地。

山脊是沿着一定方向延伸的高地,其最高棱线称为山脊线,又称分水线。山谷是沿着一定方向延伸的两个山脊之间的凹地,贯穿山谷最低点的连线称为山谷线,又称集水线。山脊线和山谷线是显示地貌基本轮廓的线,统称为地性线,它在测图和用图中都有重要作用。

鞍部是相邻两山头之间低凹部位呈马鞍形的地貌。鞍部(K 点处)俗称垭口,是两个山脊与两个山谷的会合处,等高线由一对山脊和一对山谷的等高线组成。

陡崖是坡度在 70° 以上的陡峭崖壁,有石质和土质之分。悬崖是上部突出中间凹进的地貌。

3. 等高线的特性

根据等高线的绘制原理和典型地貌的等高线,可得出等高线的特性:

（1）同一条等高线上的点,其高程必相等。

（2）等高线均是闭合曲线,如不在本图幅内闭合,则必在图外闭合,故等高线必须延伸到图幅边缘。

（3）除在悬崖或绝壁处外,等高线在图上不能相交或重合。

（4）等高线和山脊线、山谷线成正交。

（5）相邻等高线间的水平距离,称为等高线平距。等高线的平距小表示坡度陡,平距大则坡度缓,平距相等则坡度相等,平距与坡度成反比。

（6）等高线不能在图内中断,但遇道路、房屋、河流等地物符号和注记处可以局部中断。

五、地形图绘制

1. RTK 移动站数据导出

在手簿主界面中点击"项目",选择"数据文件导出",设置"选择数据文件"为新建项目"20190413.PD","文件格式名"为"Cass 格式",点击"导出",导出文件名称改为"广场"(与草图名称一致),如图 4-26 所示。

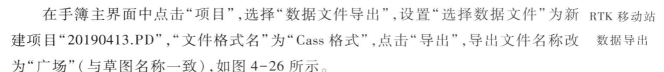

RTK 移动站
数据导出

(a) 选择"数据文件导出"　　(b) 设置数据文件参数　　(c) 点击"导出"　　(d) 输入导出文件名称

图 4-26　RTK 移动站数据导出

用数据线将手簿和计算机连接,双击手簿图标"F58G",进入文件夹"SurPad",双击文件夹"Export",找到"广场"dat 格式文件,并将其复制到计算机桌面,如图 4-27 所示。

(a) 双击手簿图标"F58G"　　　　　　　　　　(b) 进入文件夹"SurPad"

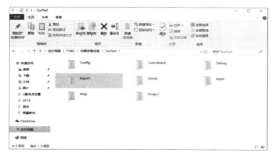

(c) 双击文件夹"Export"　　　　　　　　　　(d) 找到"广场"dat格式文件

图 4-27　RTK 移动站数据导出

2. 数据导入 CASS9.1 软件

打开 CASS9.1 软件,单击"绘图处理",选择"展野外测点点号",找到桌面"广场"dat 格式文件并打开,数据导入 CASS9.1 软件完成,如图 4-28 所示。

CASS 软件
认知和操作

(a) CASS9.1桌面图标

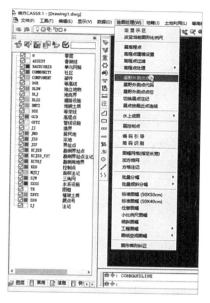

(b) 选择 "展野外测点点号"

(c) 选择文件

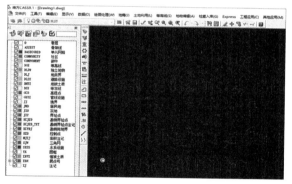

(d) 展点完成

图 4-28　数据导入 CASS9.1 软件

3. CASS9.1 数字化绘图

用 CASS9.1 软件绘制广场的地形图如图 4-29 所示,具体绘图过程可以观看教学视频,此处不展开详细讲解。

CASS 绘图

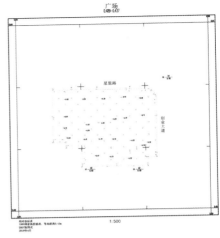

(a) 绘图　　　　　　　　　　　　　　(b) 图纸导出

图 4-29　广场数字化绘图

任务拓展

以一小山坡等高线绘图为例,其数字化绘图主要步骤如下:

1. RTK 移动站数据导出。

2. 将数据导入 CASS9.1 软件完成展点工作,如图 4-30 所示。

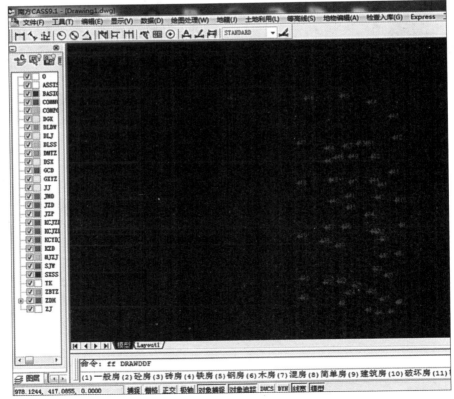

图 4-30　展点

3. CASS9.1 软件数字化绘图,具体绘图过程见教学视频,成图如图 4-31 所示。

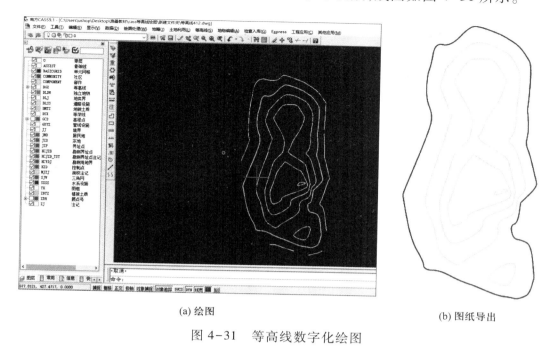

(a) 绘图　　　　　　　　　　　　　(b) 图纸导出

图 4-31　等高线数字化绘图

📚 知识要点

一、地形图

地形图:通过实地测量,将地面上各种地物、地貌的平面位置,按一定的比例尺,用《国家基本比例尺地图图式》统一规定的符号和注记,缩绘在图纸上的平面图形,既表示地物的平面位置又表示地貌形态。

二、地形图要素

1. 地形图图名
2. 图号
3. 图廓

三、地物符号

1. 依比例尺符号
2. 不依比例尺符号
3. 半依比例尺符号

四、地貌符号

1. 等高线

2. 等高线表示典型地貌

3. 等高线的特性

五、地形图绘制

地形图图名通过特征点采集,将全部点的坐标数据集中到手簿中,导出数据到计算机中。通过 CASS9.1 软件再配合各点的简图,将各点连接起来,再配以图例符号,完成数字化绘图工作。

 学习检测

一、填空

1. 轮廓较大的地物,如房屋、运动场、湖泊、森林、田地等,凡能按比例把它们的形状、大小和位置缩绘在图上的,称为_____。

2. 等高线的平距小,表示坡度_____。

3. _____是地球表面起伏形态的统称,如高山、平原、盆地、陡坎等。

4. 大比例尺数字测图野外数据采集主要是通过_____或_____采集数据。

5. 目前,我国多数数字测图软件是在_____平台上开发的。

二、单选

1. 下列四种比例尺地形图,比例尺最大的是( )。

A. 1:5 000　　　　B. 1:2 000　　　　C. 1:1 000　　　　D. 1:500

2. 地形图的比例尺用分子为1的分数形式表示时,( )。

A. 分母大,比例尺大,地形详细　　　　B. 分母小,比例尺小,地形概略

C. 分母大,比例尺小,地形详细　　　　D. 分母小,比例尺大,地形详细

3. 1:2 000 地形图的比例尺精度是( )。

A. 0.2 cm　　　　B. 2 cm　　　　C. 0.2 m　　　　D. 2m

4. 大比例尺测图是指( )比例尺测图。

A. 1:1 000~1:500　　　　　　　　B. 1:2 000~1:500

C. 1:5 000~1:500　　　　　　　　D. 1:10 000~1:500

5. 对地形图上的地物符号进行数字化,其中独立地物符号(不依比例尺符号)的特征点的采集就是符号的( )。

A. 定位点　　　　B. 几何中心　　　　C. 任意位置　　　　D. 同比例符号

6. 点状符号只有( )个定位点,对应一个固定的、不依比例变化的图形符号。

A. 1　　　　B. 2　　　　C. 3　　　　D. 4

三、多选

1. 地物符号根据其表示地物的形状和描绘方法的不同可分为( )。

A. 依比例尺符号　　　　　　　　B. 不依比例尺符号

C. 半依比例尺符号　　　　　　　D. 大比例尺符号

2. 下列地物符号属于不依比例尺符号的是( )。

A. 三角点　　　　B. 水准点　　　　C. 独立树　　　　D. 里程碑

3. 下列地物符号属于半依比例尺符号的是( )。

A. 河流　　　　B. 湖泊　　　　C. 道路　　　　D. 管道

四、简答

1. 简述等高线的特性。

2. 比例尺精度是如何定义的?有何作用?

📖**导读**

为了保证施工测量的精度和速度,使各幢建筑物、构筑物的平面位置和高程都能符合设计要求,在标定建筑物位置之前,需要先在整个施工区域建立统一的施工控制网,作为建筑物定位放线的依据。施工控制网分为平面控制网和高程控制网。平面控制网常用的有建筑基线和建筑方格网;高程控制网根据场地大小和工程要求分级建立,常用水准网。建筑物定位测量包括建筑基线测设、建筑方格网测设、施工场地高程控制网测设、龙门桩和龙门板测设。图 5-1 所示为龙门桩布置平面图,图 5-2 所示为龙门桩布置俯视图。

建筑物
定位测量

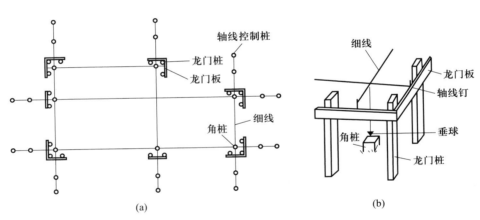

(a) (b)

图 5-1　龙门桩布置平面图

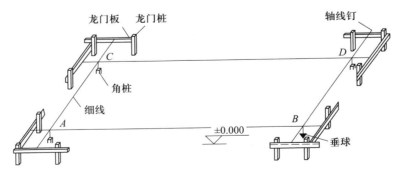

图 5-2　龙门桩布置俯视图

任务 1　建筑基线测设

任务目标

1. 根据设计的施工控制网测量方案,测设建筑基线。
2. 使用全站仪测量,在地面上测设基线点 I、II、III 的位置。

任务内容

1. 知识点
(1)建筑基线
(2)极坐标测设方法
(3)基线点位置误差范围
2. 技能点
(1)选择基线布置形式
(2)基线直线性检查及调整

知识解读

一、建筑基线基本知识

在面积不大、地势较平坦的建筑场地上,根据建筑物的分布、场地地形等因素,布设一条或几条轴线,作为施工控制测量的基准线,简称建筑基线。

1. 建筑基线的布设形式

建筑基线的布设形式有三点"一"字形、三点"L"字形,四点"T"字形及五点"十"字形等形式,如图 5-3 所示。

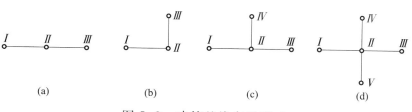

(a) 　　　　(b) 　　　　(c) 　　　　(d)

图 5-3　建筑基线布设形式

2. 布设注意事项

(1) 建筑基线应平行或垂直于主要建筑物的轴线,以便用直角坐标法进行测设。

(2) 建筑基线相邻点应互相通视,边长为 100~400 m。

(3) 在不会因挖土损坏的条件下,主点应尽量靠近主要建筑物。

(4) 建筑基线的测设精度应满足施工放样的要求。

(5) 基线点应不少于 3 个,以便检测建筑基线点有无变动。

二、极坐标测设基本知识

1. 计算测设数据

如图 5-4 所示,A、B 为已知控制点,点 O 为测设点,其设计坐标为 (x_O,y_O)。测设前,先根据已知点的坐标和测设点的坐标反算水平距离 d 和方位角,然后再根据方位角求出水平角 β。水平角 β 和水平距离 d 是极坐标法的测设数据,其计算公式为

$$\alpha_{AB} = \arctan\frac{y_B-y_A}{x_B-x_A} \qquad (5-1)$$

$$\alpha_{AO} = \arctan\frac{y_O-y_A}{x_O-x_A} \qquad (5-2)$$

$$\beta = \alpha_{AB} - \alpha_{AO} \qquad (5-3)$$

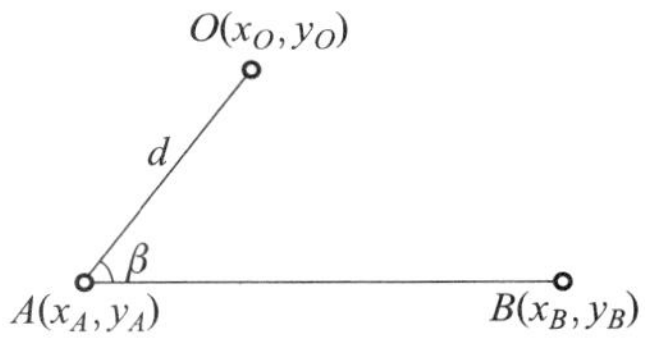

图 5-4 点位测设示意图

$$d = \sqrt{(x_O-x_A)^2+(y_O-y_A)^2}$$

2. 极坐标测设方法

(1) 在已知点 A 安置全站仪,瞄准另一已知点 B 的棱镜,作为起始方向,如图 5-5 所示。

(2) 盘左置零。

(3) 转动全站仪照准部,使水平度盘读数为计算出的水平角。

(4) 移动棱镜,使棱镜处于 AO 方向线上,根据计算的水平距离定出点 O',如图 5-6 所示。

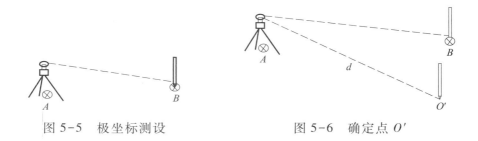

图 5-5 极坐标测设　　　　　　　　图 5-6 确定点 O'

(5) 盘右重复上述操作,定出点 O''。

(6) 取点 O' 和点 O'' 的中点为最终的点 O。

3. 极坐标测设流程

极坐标测设流程如图 5-7 所示。

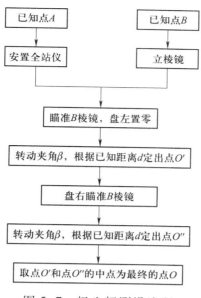

图 5-7　极坐标测设流程

三、建筑基线的测设方法

（1）根据控制点 A、B 和主点 $Ⅰ$、$Ⅱ$、$Ⅲ$ 的坐标,绘出相对位置草图,如图 5-8 所示。

（2）在草图上标记测设元素 d、β,如图 5-9 所示。

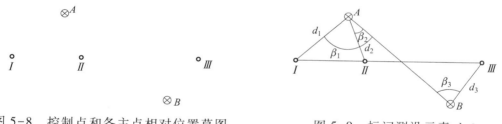

图 5-8　控制点和各主点相对位置草图　　　图 5-9　标记测设元素 d、β

（3）根据控制点和主点的坐标计算测设元素 d、β。

（4）借助仪器和工具按照极坐标测设步骤测设出主点 $Ⅰ$、$Ⅱ$、$Ⅲ$ 的位置并做好标记。

四、基线点位置误差要求

1. 检查三个定位点的直线性

安置全站仪于点 $Ⅱ$,检测 $\angle\ Ⅰ\ Ⅱ\ Ⅲ$,如果观测角值 β 与 180° 之差大于 24″,则进行调整,如图 5-10 所示。

2. 调整三个定位点的位置

先根据三个主点之间的距离 a、b,按式（5-4）计算出改正数 δ,即:

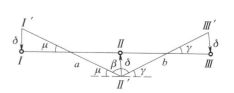

图 5-10　基线点位置误差测量

$$\delta = \frac{ab}{a+b}\left(90° - \frac{\beta}{2}\right)\frac{1}{\rho} \tag{5-4}$$

当 $a = b$ 时,则得:

$$\delta = \frac{a}{2}\left(90° - \frac{\beta}{2}\right)\frac{1}{\rho} \tag{5-5}$$

式中 ρ——1 弧度对应的秒值,$\rho = 206\ 265''$。

然后将定位点 I′、II′、III′按 δ 值移动后(注意:II′移动的方向与 I′、III′两点移动的方向相反),再重复检查和调整 I、II、III,至误差在允许范围为止。

3. 调整三个定位点之间的距离

先检查 I、II 及 II、III间的距离,若检查结果与设计长度之差的相对误差大于 1/10 000,则以点 II 为准,按设计长度调整 I、III两点,最后确定 I、II、III三点位置。

知识拓展

在城市建设区,建筑用地的边界线(建筑红线)是由城市规划部门选定并由测绘部门现场测设的,可作为建筑基线放样的依据。

一般情况下,建筑基线与建筑红线平行或垂直,故可根据建筑红线用平行线推移法测设建筑基线。

如图 5-11 所示,AB、AC 是建筑红线,从点 A 沿 AB 方向量取 d_2 定点 I′,沿 AC 方向量取 d_1 定点 I″。

通过点 B、C 利用经纬仪作建筑红线的垂线,并沿垂线量取 d_1、d_2 得点 II、III,则 II、I″两点连线与 III、I′两点连线相交于点 I。点 I、II、III即为建筑基线点。

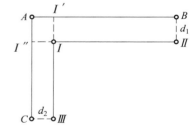

图 5-11   由建筑红线测设建筑基线

安置全站仪于点 I,精确观测 ∠ II I III,其角值与 90°之差应不超过±10″,若误差超限,应检查推移平行线时的测设数据,并对点位做相应调整。

如果建筑红线完全符合作为建筑基线的条件时,也可将其作为建筑基线使用。

知识要点

建筑基线的布设形式有三点"一"字形、三点"L"字形,四点"T"字形及五点"十"字形等形式。

采用极坐标法测设时,需要计算水平角 β 和水平距离 d。为了能准确表达测设元素 β、d,建议绘制相对位置草图,并在图中标注各测量元素。

建筑基线由三个及以上主点组成,能在测区范围内发挥定位作用,其直线性观测角值 β 与 $180°$ 之差不得大于 $24″$,否则应进行调整。

学习检测

技能操作

已知点 A 坐标(500.00,500.00),点 B 坐标(400.00,750.00),测设"L"字形基线的基线点 I、II、III 坐标,如图5-12所示。

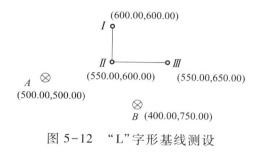

图 5-12　"L"字形基线测设

任务 2　建筑方格网测设

任务目标

1. 根据设计的施工控制网测量方案,测设建筑方格网。
2. 使用全站仪测量,在地面上进行主轴线和方格网点的测设。

任务内容

1. 知识点
(1) 建筑方格网
(2) 直角坐标法点位测设
(3) 建筑方格网测设的误差范围
2. 技能点
(1) 方格网布置

（2）主轴线测设

 **知识解读**

一、建筑方格网基本知识

对于地形较平坦的大、中型建筑场区,主要建筑物、道路及管线常按互相平行或垂直关系进行布置。为简化计算或方便施测,施工平面控制网多由正方形或矩形格网组成,称为建筑方格网,它是建筑场地常用的平面控制网形式之一。利用建筑方格网进行建筑物定位放线时,可按直角坐标进行,不仅容易推求测设数据,还具有较高的测设精度。

如图 5-13 所示,建筑方格网是根据设计总平面图中建筑物、构筑物、道路和各种管线的位置,结合现场的地形情况来合理布设的。

建筑方格网的布设,除与建筑基线基本相同外,还必须要求做到:

（1）方格网的主轴线应尽量选在建筑场地的中央,并与总平面图上所设计的主要建筑轴线平行或垂直。

（2）方格网的折角为 90°,其测设允许误差为 ±5″,网线交点应能互相通视。

（3）方格网的边长一般为 100~300 m。

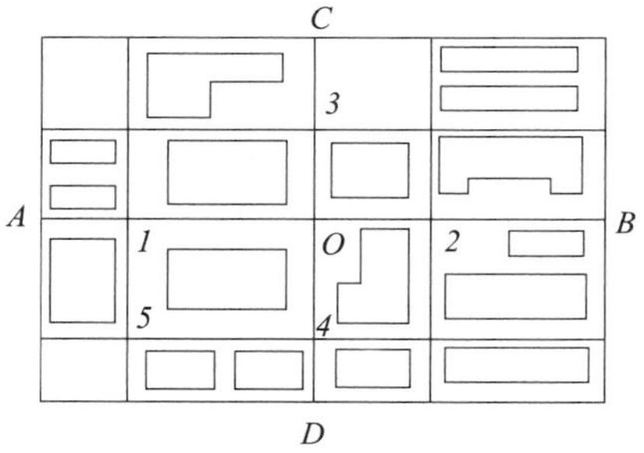

图 5-13　建筑方格网测设

二、建筑方格网的测设

1. 主轴线测设

如图 5-14 所示,AB、CD 为建筑方格网的主轴线,它是建筑方格网扩展的基础。先测设主轴线 AOB,其方法与建筑基线测设方法相同,但 $\angle AOB$ 与 180° 之差应在 ±10″ 之内。A、O、B 三个主点测设好后,将全站仪安置在点 O,瞄准点 A,分别向左、向右转 90°,测设另一主轴线 COD,同样用木桩在地上定出其大概位置 C' 和 D'。然后精确测出 $\angle AOC'$ 和 $\angle AOD'$,分别算出它们与 90° 之差 ε_1 和 ε_2,并计算出调整值 l_1 和 l_2,公式为

$$l = L \cdot \frac{\varepsilon}{\rho} \qquad (5-6)$$

式中　L——OC' 或 OD' 的长度;

　　　ρ——1 弧度对应的秒值,$\rho = 206\ 265''$。

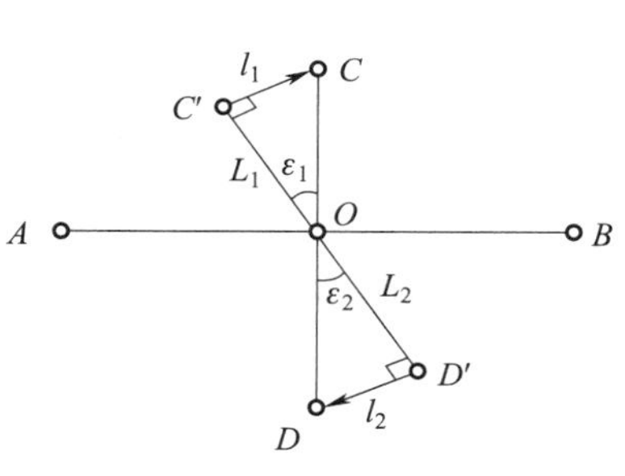

将点 C' 沿垂直于 OC' 方向移动 l_1 距离得点 C;将点 D' 沿垂直于 OD' 方向移动 l_2 距离得点 D。点位改正后,应检查两主轴

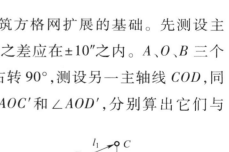

图 5-14　主轴线测设

线的交角及主点间距离,均应在规定允许误差范围之内。

2. 方格网点的测设

主轴线测设好后,分别在主轴线端点安置全站仪,均以点 O 为起始方向,分别向左、向右精密地测设出 90°,这样就形成"田"字形方格网点。为了进行校核,还要在方格网点上安置全站仪,测量其角是否为 90°,并测量各相邻点间的距离,看其是否与设计边长相等,误差均应在允许范围之内。此后再以基本方格网点为基础,加密方格网中其余各点。

三、直角坐标测设法介绍

当施工场地布设有相互垂直的矩形方格网或主轴线,以及量距比较方便时可采用直角坐标测设法。测设时,先根据图纸上的坐标数据和几何关系计算测设数据,然后利用仪器、工具设置点位。

先以图 5-15 为例说明具体方法。图中 OA、OB 为相互垂直的主轴线,它们的方向与建筑物相应两轴线平行。下面根据设计图上给定的点 1、2、3、4 的位置及 1、3 两点的坐标,用直角坐标法测设 1、2、3、4 各点的位置。

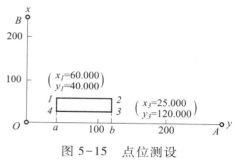

图 5-15　点位测设

1. 计算测设数据

图 5-15 中,建筑物的墙轴线与坐标轴平行,根据 1、3 两点的坐标可以算得建筑物的长度为 $y_3 - y_1 = 80.00$ m,宽度为 $x_1 - x_3 = 35.00$ m。过点 4、3 分别作 OA 的垂线得 a、b,由图 5-15 可得 $Oa = 40.00$ m,$Ob = 120.00$ m,$ab = 80.00$ m。

2. 实地测设点位

（1）安置全站仪于点 O,瞄准点 A,按距离测设方法由点 O 沿视线方向测设 OA 距离 40 m,定出点 a,继续向前测设 80 m,定出点 b。若主轴线上已设置了距离指标桩,则可根据 OA 边上的 100 m 指标桩向前测设 20 m 定出点 b。

（2）安置全站仪于点 a,瞄准 A,水平度盘置零,采用盘左、盘右取中法沿逆时针方向测设直角 90°,由点 a 起沿视线方向测设距离 25 m,定出点 4,再向前测设 35 m,即可定出点 1 的平面位置。

（3）安置全站仪于点 b,瞄准 A,方法同（2）,定出 3 和 2 两点的平面位置。

（4）测量 1—2 和 3—4 之间的距离,检查它们是否等于设计长度 80 m,较差在规定的范围内,测设合格。一般规定相对误差不应超过 1/5 000~1/2 000。

四、建筑方格网的测设步骤

以建筑方格网测设为例,详细介绍方格网测设的实施过程。

如图 5-16 所示，AOB、COD 为建筑方格网的主轴线，点 A、B、C、D、O 称为主点。

根据附近已知控制点 Q、W 坐标与主点 A、B、C、D、O 坐标计算出测设数据 β 和 d，测设各主点。

1. 用极坐标法测设点 A、O、B

（1）确定起点 Q，如图 5-17 所示。

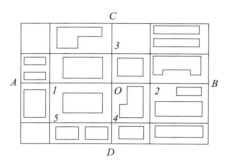

图 5-16　建筑方格网主轴线

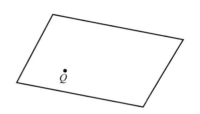

图 5-17　确定起点

（2）确定起始方向，并在点 W 上立棱镜，如图 5-18 所示。

（3）在点 Q 安置全站仪，瞄准点 W 所在的棱镜，盘左置零，如图 5-19 所示。

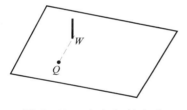

图 5-18　确定起始方向

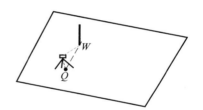

图 5-19　盘左置零

（4）转动计算出的测设角度，即水平角增加值，到 QA 方向，如图 5-20 所示。

（5）移动棱镜，使得棱镜中心处于全站仪十字丝中点，并沿此方向量出计算出的测设距离，确定点 A，如图 5-21 所示。

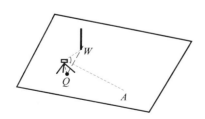

图 5-20　转动水平角增加值

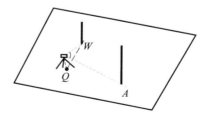

图 5-21　确定点 A

（6）在地面做标记 $\otimes$，并注写 A。

（7）重复上述操作测设点 O、B。

要求测定 $\angle AOB$ 的测角中误差不应超过 2.5″，直线度允许误差为 ±5″。

2. 测设主轴线 COD

主轴线 COD 垂直于主轴线 AOB。将全站仪安置于点 O,依次旋转,以精密量距初步定出点 C′和 D′。精确测出 ∠AOC′ 和 ∠AOD′,分别算出它们与 90° 之差,并计算出调整值,调整点位得点 C、D。

点位改正后,应检查两主轴线交角和主点间水平距离,均应在规定允许误差范围之内。测设时,各轴线点应埋设混凝土桩。

在测设出主轴线之后,从点 O 沿主轴线方向进行精密量距,定出点 1、2、3、4;然后将两台全站仪分别安置在主轴线上的 1、4 两点,以 1O、4O 为起始方向,分别向右和向左精密测设,按测设方向交会于点 5。交点 5 的位置确定后,即可进行交角的检测和调整。同法,用方向交会法测设出其余方格网点,所有方格网点均应埋设永久性标志。

知识要点

建筑方格网是建筑场地常用的平面控制网形式之一,以直角坐标测设法较为常见,边长一般为 100~300 m,主轴线应尽量选在建筑场地的中央,并与总平面图上所设计的主要建筑轴线平行或垂直;方格网的折角为 90°,其测设允许误差为 ±5″,网线交点应能通视。

学习检测

如图 5-14 所示,测设出直角 ∠BOD′ 后,用全站仪精确检测其角值为 89°59′30″,并已知 OD′ = 150 m,点 D′ 在 D′O 的垂直方向上改动多少距离才能使 ∠BOD 为 90°?

任务 3　施工场地高程控制网测设

任务目标

1. 根据设计的施工控制网测设方案,测设高程控制网。
2. 使用水准测量仪器和工具,在施工场地上进行高程测设。

任务内容

1. 知识点
(1) 施工场地的高程控制网测设

（2）高程测设方法

2. 技能点

（1）控制网布置

（2）标定控制点

**知识解读**

一、施工场地的高程控制测量基本知识

施工场地的高程控制测量就是在整个场区建立永久水准点,形成与国家高程控制系统相联系的水准网。水准点的密度应尽可能满足安置一次仪器即可测设出所需的高程点。场区水准网一般布设成两级,首级水准网作为整个场区的高程基本控制,一般情况下按四等水准测量的方法确定水准点高程,并埋设永久性标志。若因设备安装或下水管道铺设等某些部位测量精度要求较高时,可在局部范围采用三等水准测量,设置三等水准点。加密水准网以首级水准网为基础,可根据不同的测设要求按四等水准测量或图根水准测量的要求进行布设。建筑方格网点及建筑基线点亦可兼作高程控制点。

在等级水准测量时,应严格按国家规范进行。

二、高程测设基本知识

高程测设就是根据附近的水准点,将已知的设计高程测设到现场作业面上。在建筑设计和施工中,为了计算方便,一般把建筑物的室内地坪标高用±0.000 表示,基础、门窗等的标高都是以±0.000 为依据确定的。

假设在设计图纸上查得建筑物的室内地坪高程为 $H_设$,而附近有一水准点,其高程为 H_A,现要求把 $H_设$ 测设到木桩上。如图 5-22 所示,在点 B 木桩和水准点 A 之间安置水准仪,在点 A 上立尺,读数为 a,则水准仪视线高程为:

$$H_i = H_A + a$$

根据视线高程和地坪设计高程可算出点 B 尺上应有的读数为:

$$b_应 = H_i - H_设$$

将水准尺紧靠点 B 木桩侧面上下移动,直到水准尺读数为 $b_应$ 时,沿尺底在木桩侧面画线,此线就是测设的高程位置。

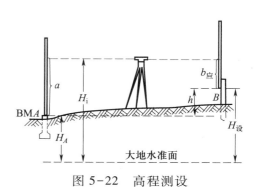

图 5-22　高程测设

三、高程测设方法

（1）在已知点 A 竖立水准尺，在测设点 B 打上木桩，在桩上立水准尺。

（2）在两根水准尺的中间安置水准仪。

（3）瞄准点 A 水准尺，读取读数 a。

（4）根据视线高程和测设高程算出测设点 B 水准尺上应有的读数 $b_{应}$。

（5）瞄准点 B 水准尺，将水准尺紧靠点 B 木桩侧面上下移动。

（6）直到水准尺读数为 $b_{应}$ 时，沿尺底在木桩侧面画线。

知识要点

施工场地的高程控制测量就是在整个场区建立永久水准点，形成与国家高程控制系统相联系的水准网。水准点的密度满足所测设的点在一测站范围内。

采用视线高程法计算后视高：$H_i = H_A + a$，前视观测值 $b = H_i - H_{设}$。

学习检测

场地附近有一水准点 A，其高程为 $H_A = 138.316$ m，欲测设高程为 139.000 m 的室内 ±0.000 标高，设水准仪在水准点 A 所立水准尺上的读数为 1.038 m，试说明其测设方法。

任务 4　龙门桩和龙门板测设

任务目标

根据建筑物定位测量，设置龙门桩和龙门板。

任务内容

1. 知识点

（1）建筑物细部放线测量

（2）龙门桩和龙门板

2. 技能点

（1）龙门板高程尺寸标注

（2）龙门板轴线位置标定

（3）钉设龙门板

 **知识解读**

一、建筑物细部放线测量的基本知识

建筑物细部放线测量的目的是根据已定位的外墙轴线交点桩(又称角桩),详细测设出建筑物的其他各轴线(内墙)交点的位置,并用木桩(桩上钉小钉)标定出来,称为细部轴线桩,并据此用白灰撒出基槽开挖边线。

二、龙门桩和龙门板的基本知识

在一般民用建筑中,为了施工方便,在基槽外一定距离钉设龙门板,如图 5-23 所示。钉设龙门板的步骤如下:

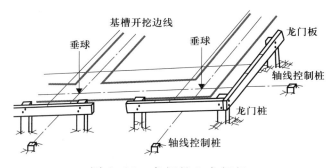

图 5-23 龙门桩和龙门板

（1）在建筑物四角和隔墙两端基槽开挖边线以外的 1~1.5 m 处(根据土质情况和挖槽深度确定)钉设龙门桩,龙门桩要钉得竖直、牢固,木桩侧面与基槽平行。

（2）根据建筑物场地的水准点,在每个龙门桩上测设±0.000 标高线,当现场条件不许可时,也可测设比±0.000 高或低一定数值的线。

（3）在龙门桩上沿着±0.000 标高线钉设龙门板,这样,龙门板的顶面标高就在一个水平面上了。龙门板标高测定的允许误差一般为±5 mm。

（4）根据外墙轴线交点桩(或轴线控制桩),用经纬仪将墙、柱的轴线投到龙门板顶面上,并钉上小钉标明,称为轴线投点,投点允许误差为±5 mm。

（5）用钢尺沿龙门板顶面检核轴线钉的间距,经检核合格后,以轴线钉为准,将墙、基槽的两侧边线位置按其与轴线的间距画在龙门板上,最后根据基槽上口边线位置拉线,用石灰撒出开挖边线。

三、建筑物定位验线

定位验线时,应注意检验定位依据与定位条件,不能仅仅检验建筑物自身几何尺寸。

（1）检验定位依据桩位置是否正确,有无碰动。

（2）检验定位几何尺寸。

（3）检验建筑物矩形控制网与外墙轴线交点角桩（或轴线控制桩）的点位有无偏离、桩位稳定性。

（4）检验建筑物外廓轴线间距及主要轴线间距。

（5）在经施工方自检定位验线合格后,提请监理单位验线。

知识拓展

轴线控制桩设置

由于设置龙门桩、龙门板需要较多材料,而且占用场地,使用机械开挖时容易被破坏,因此也可以在基槽或基坑外开挖边界线的延长线上测设轴线控制桩,作为以后恢复轴线的依据。即使采用了龙门桩,为了防止被碰动,对主要轴线也应测设轴线控制桩。

轴线控制桩一般设在开挖边线 4 m 之外的地方,并用水泥加固,最好是附近有固定建筑物或构筑物,这时将轴线测设在这些物体上,使轴线更容易得到保护。但每条轴线至少应有一个控制桩是设在地面上的,以便今后能安置经纬仪恢复轴线。

轴线控制桩的引测主要采用经纬仪法。引测时,要注意采用盘左和盘右两次测设取中法来引测,以减少引测误差和避免错误的出现。

知识要点

1. 建筑物细部放线测量

根据外墙轴线交点桩测设出建筑物其他各轴线交点的位置,以确定基槽开挖边线的基准线。

2. 龙门桩

一般设置在开挖边线以外 1~1.5 m 处。

3. 龙门板

顶面标高在一个水平面上,通常在±0.000 的位置上。

学习检测

1. 简述龙门板的作用。

2. 简述钉设龙门板的步骤。

3. 简述建筑物定位验线的要点。

📖 **导读**

基础工程施工测量主要包括桩位放样、基坑抄平测量、基础轴线测设、基础标高测量。图 6-1 所示为桩位放样工作情境,图 6-2 所示为基础工程施工测量工作情境。

基础工程
施工测量

图 6-1　桩位放样

图 6-2　基础工程施工测量

任务 1 桩 位 放 样

图 6-3 所示为桩施工后现场,图 6-4 所示为桩位设计图。

图 6-3 桩施工后现场

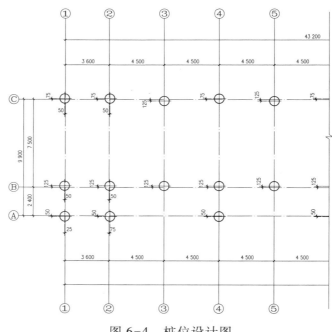

图 6-4 桩位设计图

 任务目标

1. 根据设计图纸,在直角坐标系下确定桩中心点的坐标。

2. 根据建筑基线,采用直角坐标法测设桩中心点。

3. 在地面上标记桩中心点位置。

4. 检查测设的桩中心点位置是否符合测量规范。

任务内容

1. 知识点

（1）直角坐标法放样的应用

（2）桩中心点位置误差范围

2. 技能点

（1）桩中心点坐标计算

（2）全站仪点位测设

知识解读

在设计图纸上以建筑基线或方格网为基准,标记出关键位置桩中心点的坐标,为桩位测设建立数据库。选择建筑基线或方格网左下角的关键点作为直角坐标的控制原点,计算关键位置桩中心点与原点在 x 和 y 方向的绝对值 x_i、y_i 和各点之间的相对值 $\Delta x_{i,i-1}$、$\Delta y_{i,i-1}$,使用全站仪测设关键位置桩中心点,将各点连接,其交点就是桩中心点位置。用钢尺测量桩中心点间距,检验精度是否符合要求。

一、关键位置桩中心点的坐标标记

（1）规则排列的桩基础,选择 x、y 方向的关键位置桩中心点,并确定坐标值。

（2）确定桩距、桩数、桩径。

二、建立直角坐标系

建立直角坐标系,如图 6-5 所示。

（1）确定左下角为直角坐标系原点。

（2）计算各桩中心点位置与坐标原点的绝对值 x_i、y_i,相对值 $\Delta x_{i,i-1}$、$\Delta y_{i,i-1}$。

三、测设各桩中心点

在地面上根据关键位置桩中心点坐标测设各桩中心点,流程如图 6-6 所示。

以教学楼桩基平法施工图（图 6-7）为例,确定Ⓐ、①轴交点和Ⓒ、⑪轴交点为关键桩,对桩基础测量放样的实施过程如下。

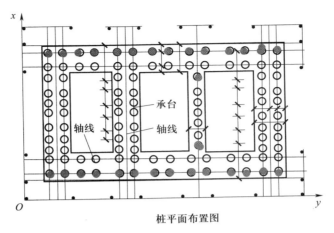

图 6-5　关键位置桩桩位示意图

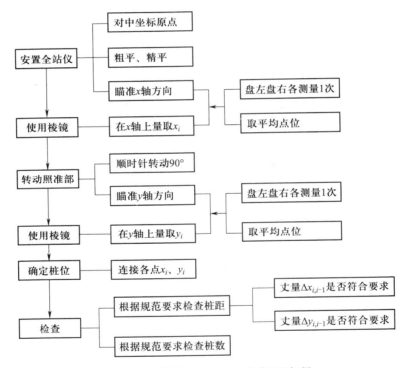

图 6-6　测设各桩中心点位置流程

（1）以①轴与Ⓐ轴交点为原点建立平面直角坐标系,计算桩中心点位置坐标,见表 6-1。

（2）在坐标原点安置全站仪。

（3）瞄准 x 轴方向,用棱镜在 x 轴上截取Ⓐ～Ⓒ轴的进深尺寸。

（4）转动照准部到 y 轴方向,用棱镜在 y 轴上截取①～⑪轴的开间尺寸。

（5）迁移全站仪到Ⓑ、①轴的交点,在Ⓑ轴上截取①～⑪轴的开间尺寸。

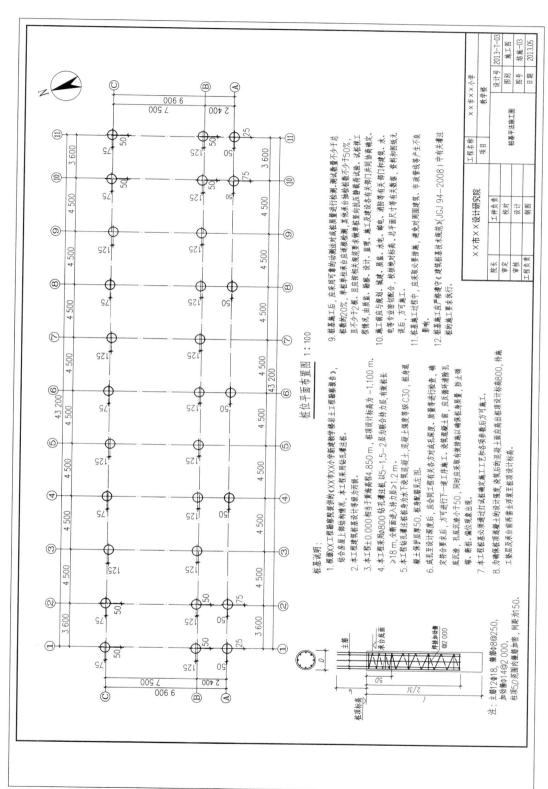

图 6-7 教学楼桩基平法施工图

（6）迁移全站仪到ⓒ、①轴的交点，在ⓒ轴上截取①~⑪轴的开间尺寸。

表 6-1 桩中心点位置坐标计算表

桩号	绝对坐标		相对坐标		备注
	x_i/m	y_i/m	$\Delta x_{i,i-1}/\text{m}$	$\Delta y_{i,i-1}/\text{m}$	
Ⓐ、①轴交点	0	0	/	/	
Ⓐ、②轴交点	0	3 600	0	3 600	
Ⓐ、④轴交点	0	12 600	0	9 000	
Ⓐ、⑥轴交点	0	21 600	0	9 000	
Ⓐ、⑧轴交点	0	30 600	0	9 000	
Ⓐ、⑩轴交点	0	39 600	0	9 000	
Ⓐ、⑪轴交点	0	43 200	0	3 600	
Ⓑ、①轴交点	2 400	0	/	/	
Ⓑ、②轴交点	2 400	3 600	0	3 600	
Ⓑ、③轴交点	2 400	8 100	0	4 500	
Ⓑ、④轴交点	2 400	12 600	0	4 500	
Ⓑ、⑤轴交点	2 400	17 100	0	4 500	
Ⓑ、⑥轴交点	2 400	21 600	0	4 500	
Ⓑ、⑦轴交点	2 400	26 100	0	4 500	
Ⓑ、⑧轴交点	2 400	30 600	0	4 500	
Ⓑ、⑨轴交点	2 400	35 100	0	4 500	
Ⓑ、⑩轴交点	2 400	39 600	0	4 500	
Ⓑ、⑪轴交点	2 400	43 200	0	3 600	
Ⓒ、①轴交点	9 900	0	/	/	
Ⓒ、②轴交点	9 900	3 600	0	3 600	
Ⓒ、③轴交点	9 900	8 100	0	4 500	
Ⓒ、④轴交点	9 900	12 600	0	4 500	
Ⓒ、⑤轴交点	9 900	17 100	0	4 500	
Ⓒ、⑥轴交点	9 900	21 600	0	4 500	
Ⓒ、⑦轴交点	9 900	26 100	0	4 500	
Ⓒ、⑧轴交点	9 900	30 600	0	4 500	
Ⓒ、⑨轴交点	9 900	35 100	0	4 500	
Ⓒ、⑩轴交点	9 900	39 600	0	4 500	
Ⓒ、⑪轴交点	9 900	43 200	0	3 600	

 **知识拓展**

一、桩位允许偏差

（1）根据《工程测量标准》（GB 50026—2020）8.3.11 条文，建筑物施工放样、轴线投测和标高传递的偏差不应超过表 6-2 的规定。

表 6-2　建筑物施工放样、轴线投测和标高传递的允许偏差

项目	内容	允许偏差/mm
基础桩位放样	单排桩或群桩中的边桩	±10
	群桩	±20

（2）参考《建筑桩基技术规范》（JGJ 94—2008）6.2.4 条文，灌注桩成孔施工的允许偏差应满足表 6-3 的要求。

表 6-3　灌注桩成孔施工的允许偏差

成孔方法		桩径允许偏差/mm	垂直度允许偏差/%	桩位允许偏差/mm	
				1~3 根桩、条形桩基沿垂直轴线方向和群桩基础中的边桩	条形桩基沿轴线方向和群桩基础中的中间桩
泥浆护壁钻、挖、冲孔桩	$d \leqslant 1\,000$ mm	±50	1	$d/6$ 且不大于 100	$d/4$ 且不大于 150
	$d > 1\,000$ mm	±50		$100+0.01H$	$150+0.01H$
锤击（振动）沉管振动冲击沉管成孔	$d \leqslant 500$ mm	−20	1	70	150
	$d > 500$ mm			100	150
螺旋钻、机动洛阳铲干作业成孔灌注桩		−20	1	70	150
人工挖孔桩	现浇混凝土护壁	±50	0.5	50	150
	长钢套管护壁	±20	1	100	200

（3）测量各点之间的距离，检查相对位置误差。各放样点的绝对误差不能超出《工程测量标准》（GB 50026—2020）8.3.11 条文规定的桩位允许偏差 ±10 mm 或 ±20 mm。

二、桩位偏差检查

检查桩位偏差主要有两个方面，一是桩与桩之间中心点的相对位置检查，二是桩中心点与

原点之间的绝对位置检查。桩与桩之间中心点的相对位置检查可以通过钢尺测量各交点来检查是否符合规范的要求。桩中心点与原点之间的绝对位置检查可以通过全站仪用极坐标法来检查。主要步骤如下:

(1) 在直角坐标系原点安置全站仪。

(2) 输入测站点和后视点坐标。

(3) 测量各桩中心点坐标。

(4) 比较计算值与测量值之差是否符合规范要求。

(5) 如果偏差超出了 ±10 mm 或 ±20 mm,可参考《建筑桩基技术规范》(JGJ 94—2008)6.2.4 条文的规定,在施工过程中密切关注桩位偏差是否符合要求。

 知识要点

根据桩设计图纸,在直角坐标系中确定每根桩的坐标值,计算 x_i、y_i,放样时只需测量距离就能完成桩中心点位置定位。坐标值也可在全站仪检查桩位偏差时使用。灵活使用规范检查基础桩位放样的测量结果,单排桩或群桩中的边桩的允许偏差为 ±10 mm,群桩的允许偏差为 ±20 mm,不超出允许偏差则测量结果合格。

学习检测

1. 绘制直角坐标系,完成图 6-8 中桩的坐标标注。

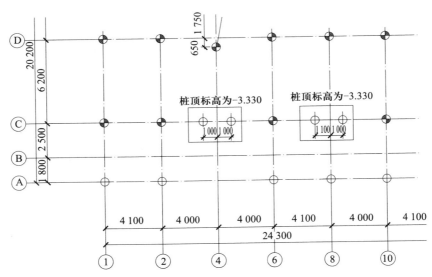

注:❖❖表示两种单桩承载力不同的桩。

图 6-8　部分桩基平法施工图

2. 根据图 6-8 所示部分桩基平法施工图填写表 6-4。

表 6-4　桩中心点位置坐标计算表

桩号	绝对坐标		相对坐标		备注
	x/m	y/m	$\Delta x_{i,i-1}/m$	$\Delta y_{i,i-1}/m$	

3. 全站仪放样时,仪器安置在_____位置,先对_____行或_____列的桩中心点进行放样。

4. 全站仪检测时,仪器宜安置在_____位置,测站点为_____,坐标值为_____,后视点可为_____。

5. 在设计图纸上以_____为基准标记出关键位置桩中心点的坐标,为桩位测设建立数据库。

6.《建筑桩基技术规范》(JGJ 94—2008)中规定的泥浆护壁钻、挖、冲孔桩的桩径偏差允许值为_____。

7.《工程测量标准》(GB 50026—2020)中规定,桩位允许偏差为_____。

8. 基础工程施工测量主要有哪些内容？

9. 如何在地面上标记桩中心点位置？

10. 如何检查桩位偏差？

任务 2　基坑抄平测量

图 6-9 所示为基坑抄平测量示意图。

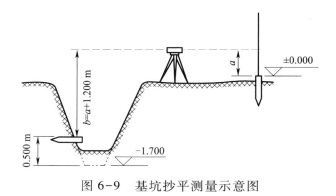

图 6-9　基坑抄平测量示意图

 任务目标

1. 根据地面上 ±0.000 点测设设计的基坑标高。

2. 使用水准仪测量地面上 ±0.000 所在点的后视读数 a。

3. 根据后视读数 a，计算前视读数 b。

4. 使用水准仪照准前视点，使水准尺上下移动，直到读数为 b。

5. 在基坑槽壁上设置水平桩，使木桩的上表面离坑底的设计标高为一固定值（如 0.500 m）。

任务内容

1. 知识点

（1）基坑抄平

（2）建筑物立面图和剖面图的识读

2. 技能点

（1）前视读数的计算

（2）槽壁水平桩的测设

知识解读

基坑抄平测量是高程测设的应用。通常情况下，地面上有±0.000点，根据基坑设计的标高和槽壁欲测设的水平桩高程，计算水平桩与地面±0.000点的高差，读取±0.000所在点的后视读数a，计算前视读数b，上下移动水准尺，直到读数为b，则在水准尺下方设立水平桩，水平桩上表面就是欲测设的高程。

一、前视读数计算

（1）由±0.000点、欲测设的高程计算高差h。

（2）测量后视读数a。

（3）计算前视读数b。

二、槽壁水平桩的测设过程

以图6-9所示基坑抄平测量示意图为例进行讲解。

（1）计算高差h，$h=(-1.700 \text{ m}+0.500 \text{ m})-0.000 \text{ m}=-1.200 \text{ m}$。

（2）测量a值，使用水准仪十字丝瞄准±0.000所在点的水准尺，并读取数值a，如图6-10所示。

（3）计算$b=a+1.200 \text{ m}$。

（4）在基坑槽壁竖立一根水准尺，转动水准仪望远镜到槽壁的水准尺，上下移动水准尺，使得十字丝读数为b，如图6-11所示。

（5）根据水准尺底部位置，在槽壁上设立水平桩，如图6-12所示。

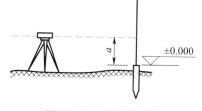

图6-10　测量a值

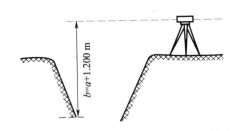

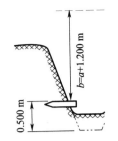

图 6-11　上下移动水准尺,使得读数为 b　　　　图 6-12　在槽壁上设立水平桩

 知识拓展

高程传递

建筑施工中开挖基坑或修建较高建筑,需要向低处或高处传递高程,此时可用悬挂钢尺代替水准尺。

如图 6-13 所示,欲根据地面水准点 A,在坑内测设点 B,使其高程为 $H_设$。为此,在坑边架设一吊杆,杆顶吊一根零点在下的钢尺,钢尺的下端挂一重量相当于钢尺检定时拉力的重物,在地面上和坑内各安置一台水准仪,分别在水准尺和钢尺上读得 a_1、b_1、a_2,则点 B 水准尺读数 b_2 应为:

$$b_2 = H_A + a_1 - (b_1 - a_2) - H_设$$

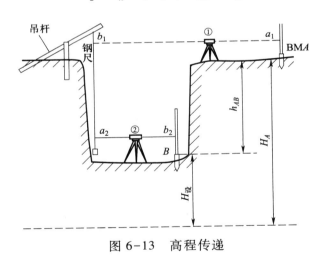

图 6-13　高程传递

 知识要点

1. 基坑抄平

基坑底部高程的测设主要利用水准仪及辅助工具,根据前视读数完成,并在槽壁上设立水平桩。

2. 前视读数计算

由前后视线高程相等通式 $H_A + a = H_B + b$，得出 $b = H_A - H_B + a$，计算前视读数。在深基坑中，前视和后视可由多个测段组成。

3. 测设槽壁水平桩

根据最后一站前视水准尺底部位置，在槽壁上设立水平桩，此桩上表面就是基坑开挖的基准高程，通常在 1 m 范围内。

 学习检测

利用水准点 A 测设高程为 26.000 m 的室内地坪 ±0.000，已知 $H_A = 25.345$ m，水准点上的后视读数 $a = 1.520$ m，试计算 ±0.000 的前视尺应有读数 $b_{应}$。

任务 3　基础轴线测设

 任务目标

在垫层上测设基础轴线。

 任务内容

1. 知识点

（1）基础轴线测设的基本知识

（2）基础轴线测设的允许误差

2. 技能点

（1）拉线测设

（2）经纬仪测设

 知识解读

一、基础轴线测设的基本知识

基础垫层打好后，把基础轴线测设到垫层上去，然后在垫层上用墨线弹出基础轴线、边线和洞口线等,作为基础施工的依据。基础轴线测设主要有拉线测设和经纬仪测设两种方法。

1. 拉线测设

如果前期设置的是龙门板,可用拉线测设,如图6-14所示。拉线测设的流程如图6-15所示。

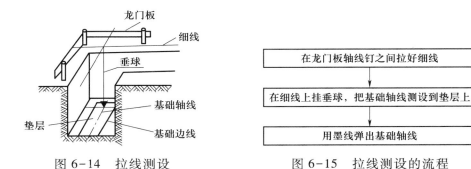

图 6-14　拉线测设

在龙门板轴线钉之间拉好细线

↓

在细线上挂垂球,把基础轴线测设到垫层上

↓

用墨线弹出基础轴线

图 6-15　拉线测设的流程

2. 经纬仪测设

如果前期设置的是轴线控制桩,也可在轴线控制桩上安置经纬仪来测设基础轴线。经纬仪测设的流程如图6-16所示。

经纬仪测设

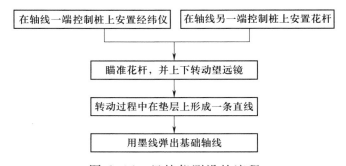

在轴线一端控制桩上安置经纬仪　　在轴线另一端控制桩上安置花杆

↓

瞄准花杆,并上下转动望远镜

↓

转动过程中在垫层上形成一条直线

↓

用墨线弹出基础轴线

图 6-16　经纬仪测设的流程

二、基础轴线测设的允许误差

测设后的基础轴线要严格检查,其长度误差不得超过表6-5规定。

表 6-5　基础轴线测设的允许误差

轴线长度 L/m	允许误差/mm	轴线长度 L/m	允许误差/mm
$L \leqslant 30$	±5	$60 < L \leqslant 90$	±15
$30 < L \leqslant 60$	±10	$90 < L$	±20

知识要点

基础轴线的测设主要分拉线测设和经纬仪测设两种,前者适用于设置龙门板的情形,后者适用于设置了轴线控制桩的情形。

学习检测

垫层墨线弹设的基本步骤是什么？

任务 4　基础标高测量

任务目标

基础标高测量。

任务内容

1. 知识点
（1）皮数杆
（2）基础标高控制
2. 技能点
高程测设

知识解读

一、皮数杆的基本知识

皮数杆是指在其上画有每皮砖和灰缝厚度，以及门窗洞口、过梁、楼板等高度位置的一种木制标杆，砌筑时用来控制墙体竖向尺寸及各部位构件的竖向标高，并保证灰缝厚度的均匀性，如图 6-17 所示。

用方木或铝合金杆制作的皮数杆，长度一般为一个楼层高，并根据设计要求，将砖规格和灰缝厚度（皮数）及竖向结构的变化部位在皮数杆上标明。在基础皮数杆上，竖向构造包括：底层室内地面、防潮层、大放脚、洞口、管道、沟槽和预埋件等。在墙身皮数杆上，竖向构造包括楼面、门窗洞口、过梁、楼板、梁及梁垫等。

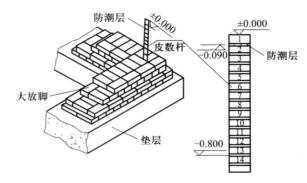

图 6-17　皮数杆

二、基础标高控制的基本知识

房屋基础墙(±0.000以下的砖墙)的高度是利用基础皮数杆来控制的。基础皮数杆是一根木制的杆子,如图6-17所示,在杆上事先按照设计尺寸,用线条画出砖、灰缝厚度,并标明±0.000和防潮层等的标高位置。立皮数杆时,可先在立杆处打一木桩,用水准仪在木桩侧面定出一条高于垫层标高某一数值(如10 cm)的水平线,然后将皮数杆高度与其相同的线与木桩上的水平线对齐,并用大铁钉把皮数杆与木桩钉在一起,作为基础墙的标高依据。

基础施工结束后,应检查基础面的标高是否符合设计要求(也可检查防潮层)。可用水准仪测出基础面上若干点的高程并与设计高程进行比较,允许误差为±10 mm。

知识要点

1. 皮数杆

用于砌筑的辅助工具,画有每皮砖和灰缝厚度,以及门窗洞口、过梁、楼板等高度位置的木制标杆,保证灰缝厚度的均匀性。

2. 基础标高控制

砌筑±0.000以下部位的砖墙,用基础皮数杆来控制。

学习检测

_____是指在其上画有每皮砖和灰缝厚度,以及门窗洞口、过梁、楼板等高度位置的一种木制标杆。

导读

　　主体结构工程施工测量主要包括墙体轴线测设、墙体标高测设、二层以上楼层的高程传递和轴线测设。本项目主要介绍各个任务过程中的测量方法。图7-1是在垫层上弹出定位的直墙线,图7-2是在楼板上弹出定位的弧形墙线。

图7-1　直墙线

图7-2　弧形墙线

任务1　墙体轴线测设

 任务目标

1. 根据设计的方案进行墙体定位。
2. 检查定位误差。

任务内容

1. 知识点

（1）轴线控制桩和龙门板

（2）墙体定位

（3）轴线测设

2. 技能点

（1）经纬仪测设

（2）拉线测设

 知识解读

基础施工合格后,首先根据轴线控制桩或龙门板上的轴线钉,用经纬仪或拉线法,把首层楼房的墙体轴线测设到防潮层或基础顶面上,并弹出墨线,然后用钢尺检查墙体轴线的间距和总长是否等于设计值,并用经纬仪检查外墙轴线四个主要交点之间的夹角是否等于设计值(墙体的 X 轴和 Y 轴普遍为90°相交,本任务以90°为例)。符合要求后,弹出其余的墙轴线和门、窗等洞口的位置,并标明洞口的尺寸。其中,门的位置和尺寸在平面上标出,窗的位置和尺寸则标在墙的侧面上,如图7-3所示。

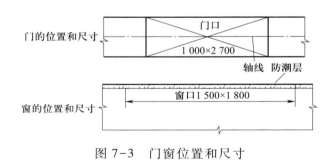

图7-3　门窗位置和尺寸

墙体轴线测设具体步骤如下:

（1）利用轴线控制桩或龙门板上的轴线钉,用经纬仪或拉细线挂垂球的方法将轴线测设到基础顶面或防潮层上。

（2）用墨线弹出墙体轴线和墙边线。

（3）把墙体轴线延伸并画在外墙基础上,作为向上测设轴线的依据。检查外墙轴线交角是否等于90°。

（4）把门、窗和其他洞口的边线也在外墙基础上标定出来。

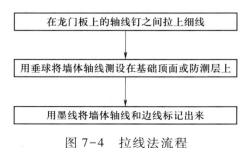

图7-4　拉线法流程

拉线法流程如图 7-4 所示。

经纬仪法流程如图 7-5 所示。

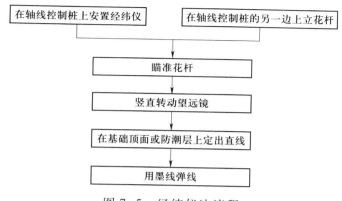

图 7-5　经纬仪法流程

 知识要点

1. 墙体定位

根据轴线控制桩或龙门板上的轴线钉,把首层楼房的墙体轴线测设到防潮层或基础顶面上,用墨线弹出墙中线、墙边线和门、窗、洞口的边线,并符合设计要求。

2. 轴线测设

轴线测设方法有拉线法和经纬仪法两种。

 学习检测

1. 主体结构工程施工测量主要工作有哪些?

2. 简述墙体轴线测设的具体步骤。

任务 2　墙体标高测设

 任务目标

1. 根据设计的方案进行高程传递。

2. 检查传递误差。

任务内容

1. 知识点
墙体标高控制
2. 技能点
（1）高程测设
（2）皮数杆运用

**知识解读**

一、墙体标高控制基本知识

墙体标高是用墙体皮数杆控制的,如图7-6所示,墙体皮数杆上标有±0.000、砖、灰缝、楼板、窗、门等的标高位置。

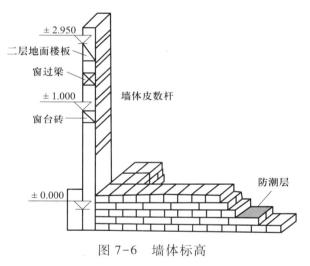

图7-6　墙体标高

墙体皮数杆一般立在建筑物的拐角和内墙处。先在立杆处打一个大木桩,在桩上画出±0.000线,将皮数杆上的±0.000线与之对齐钉牢。用里脚手架时,皮数杆立在墙的外边;用外脚手架时,皮数杆立在墙的里边。

当墙体砌筑到一定高度后(1.5 m左右),应在内外墙面上测设高于±0.000标高线500 mm(或1 000 mm)的水平墨线,称为水平控制线。外墙的水平控制线作为向上传递各楼层标高的依据,内墙的水平控制线作为室内地面施工及室内装修的标高依据。

二、基本步骤

（1）在墙体皮数杆上根据设计尺寸,按砖和灰缝的厚度画线。

（2）在皮数杆上标明门、窗、过梁、楼板等标高位置，注记从±0.000向上增加。

（3）在立杆处打一个木桩，用水准仪在木桩上测设出±0.000标高位置。

（4）把皮数杆上的±0.000线与木桩上的±0.000线对齐，并用钉钉牢。

知识要点

墙体标高控制

墙体皮数杆一般立在建筑物的拐角和内墙处，杆上标有±0.000、砖、灰缝、楼板、窗、门等的标高位置。外墙的水平控制线作为向上传递各楼层标高的依据，内墙的水平控制线作为室内地面施工及室内装修的标高依据。

学习检测

当墙体砌筑到一定高度后（1.5 m左右），应在内外墙面上测设高于±0.000标高线500 mm（或1 000 mm）的水平墨线，称为_____。

任务3　二层以上楼层的高程传递和轴线测设

任务目标

1. 根据设计的方案进行高程传递和轴线测设。
2. 检查传递和测设误差。

任务内容

1. 知识点

（1）楼层高程传递

（2）轴线测设

2. 技能点

（1）经纬仪测设

（2）皮数杆运用

知识解读

一、高程传递的基本知识

二层及二层以上楼层的施工测量,在内容上和首层是一样的,即每层都要进行墙体和门窗的放线,用皮数杆控制标高,砌一步架高后在室内抄出比楼地面高 500 mm 的标高线,以及比上部楼板低 100 mm 的标高线等。

二、轴线测设基本知识

将基础或首层墙体轴线测设到墙面上,并在墙面上重新用墨线弹出墙体轴线。检查无误后,以此为依据弹出墙体边线,再往上砌筑,如图 7-7 所示。

将墙体轴线从下往上引测的步骤是:

(1) 在地面上的墙体轴线桩上架设经纬仪,对中整平,用盘左位置调节望远镜瞄准墙体轴线方向,拧紧水平制动螺旋,竖直转动望远镜,将轴线的端点测设到相应层面的边缘上,标记为点 A;同理用盘右位置将轴线的端点测设到同一层面的边缘上,标记为点 B。取 A、B 两点的中点作为轴线的端点。

(2) 将各轴线端点用同样的盘左盘右取中法测设出来,用在轴线端点间拉线的方法,在相应的层面上测设出主轴线,检查合格后弹出墨线,然后再用直角坐标法或距离交会法测设出其他轴线。

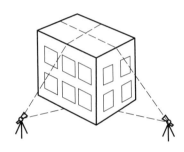

图 7-7　轴线测设

当轴线桩距建筑物较近时,随着层数的增加,轴线测设时望远镜的仰角增大。当仰角超过 45°时,除非配上弯管目镜,否则轴线测设工作很难进行。这时,就要将轴线延长,在远处重新设置轴线桩或将轴线引测到附近已有楼房的顶部,以便继续测设以上各层的轴线。

知识要点

1. 楼层高程传递

采用皮数杆把控制标高往上引测,作为墙体和门窗定位的基准。

2. 轴线测设

将准确的轴线通过经纬仪或全站仪采用正倒镜取中法投测到墙面上,并在墙面上重新用墨线弹出墙体的轴线,然后往上砌筑。

![学习检测]

1. 二层及二层以上楼层的施工测量,每层都要进行墙体和门窗的放线,用皮数杆控制标高,砌一步架高后在室内抄出比楼面高_____的标高线,以及比上部楼板低100 mm 的标高线等。

2. 当轴线桩距建筑物较近时,随着层数的增加,轴线测设时望远镜的_____。当仰角超过_____时,除非配上弯管目镜,否则轴线测设工作很难进行。

3. 简述墙体轴线从下往上引测的步骤。

📖 **导读**

　　建筑物的变形监测是用测量仪器测定建筑物在本身荷载作用下随时间变形(图 8-1)的工作。通过变形监测,可以检查、掌握各种建筑物结构本身的安全性及地基稳定性,及时发现问题,确保质量和使用安全;更好地了解变形的机理,验证有关工程设计的理论,建立正确的预报变形的理论和方法;对新结构、新材料、新工艺的性能做出科学客观的评价。变形监测属于安全监测。变形监测包括内部监测和外部监测两方面。内部监测内容包括建筑物的内部应力、应变的监测,动力特性及加速度的测定等,一般不由测量工作者完成。外部监测的内容主要包括沉降观测、位移观测、倾斜测量、裂缝监测和挠度测量等。内部观测与外部观测之间有着密切的联系,应同时进行,以便互相验证和补充。

图 8-1　建筑物变形

任务 1　沉降观测

任务目标

1. 根据建筑物的性质、规模,基准点、沉降观测点的分布及建筑物周围的环境,确定沉降观测等级,制订合适的沉降观测方案。

2. 按照沉降观测方案实施观测。

3. 计算与整理外业观测数据。

任务内容

1. 知识点

(1) 二等水准测量的技术要求和观测方法

(2) 水准路线与测站校核

2. 技能点

(1) 二等水准测量的实施

(2) 观测数据的计算、整理和分析

知识解读

建筑物沉降观测是指根据工作基点周期性地测定建筑物上沉降观测点(图 8-2)的高程和计算其沉降量大小的工作。

图 8-2　沉降观测点

一、沉降观测的工作基点和观测点标志的布设

工作基点(基点)是沉降观测的基准点,应根据工程的沉降观测方案和布网原则的要求建

立,而沉降观测方案应根据工程的布局特点、现场的环境条件制订。一般高层建筑物周围要布设三个基点,且与建筑物相距50~100 m为宜。基点可利用已有的、稳定性好的埋石点,也可以在该区域内基础稳定、修建时间长的建筑物上设置墙脚水准点(图8-3)。若区域内不具备上述条件,则可按相应要求,选择便于保存且通视良好的地方埋设基点。布设的基点在未确定其稳定性前,严禁使用。因此,每次都要测定基点间的高差,以判定它们之间是否相对稳定,并且要定期对基点与远离建筑物的高等级水准点联测,以检核基点的稳定性。

图8-3　水准点

沉降观测点应依据建筑物的形状、结构、荷载、地质条件、桩形等因素综合考虑,布设在最能敏感反映建筑物沉降变化的地点,一般布设在建筑物四角、沉降量差异大的位置,地质条件有明显不同的区段以及沉降缝的两侧。建筑物上设置的沉降观测点纵横向要对称,且相邻点之间间距以10~20 m或每隔2或3根柱为宜,均匀地分布在建筑物的周围。埋设时注意观测点与建筑物的联结要牢靠,使得观测点的变化能真正反映建筑物的变化情况。根据建筑物的平面设计图绘制沉降观测点布点图,以确定沉降观测点的位置。在工作点与沉降观测点之间要建立固定的观测路线,并在架设仪器站点与转点处做好标记桩,保证各次观测均沿统一路线。

二、沉降观测的周期

沉降观测的周期应能反映出建筑物的沉降变形规律,建筑物的沉降观测对时间有严格的限制条件,特别是首次观测必须按时进行,否则沉降观测得不到原始数据,从而使整个观测得不到完整的观测结果。其他各阶段的观测,根据工程进展情况必须定时进行,不得漏测或补测,只有这样,才能得到准确的沉降情况或规律。一般认为建设在砂类土层上的建筑物,其沉降在施工期间已大部分完成,而建设在黏土类土层上的建筑物,其沉降在施工期间只是整个沉降量的一部分,因而,沉降周期是变化的。

(1)在施工阶段,观测的频率要高些,一般按3 d、7 d、15 d确定观测周期,或按层数、荷载的增加确定观测周期,观测周期具体应视施工过程中地基与加荷而定。如暂时停工时,在停工时和重新开工时均应各观测一次,以便检验停工期间建筑物沉降变化情况,为重新开工后沉降观测的方式、次数是否应调整做判断依据。

（2）建筑物使用阶段的观测次数,应视地基土类型和沉降速度大小而定。除有特殊要求者外,一般情况下,可在第一年观测 3 或 4 次,第二年观测 2 或 3 次,第三年后每年 1 次,直至稳定为止。

（3）观测期限一般不少于如下规定:砂土地基 2 年,膨胀土地基 3 年,黏土地基 5 年,软土地基 10 年。沉降是否进入稳定阶段,应由沉降量与时间关系曲线判定。一般观测工程,若沉降速度小于 0.01~0.04 mm/d,可认为已进入稳定阶段,具体取值宜根据各地区地基土的压缩性确定。

三、沉降观测的方法

一般高层建筑物有一层或数层地下结构,首次观测应自基础开始,在基础的纵横轴线上按设计好的位置埋设临时沉降观测点,待临时沉降观测点稳固好,选择在成像清晰、稳定的时候进行首次观测。首次观测的沉降观测点高程值是以后各次观测用以比较的基础,其精度要求非常高。施测时一般用精密水准仪,并且要求每个观测点首次高程值应在同期观测两次,比较观测结果,若同一观测点间的高程差不超过 ±0.5 mm,即可认为首次观测的数据是可靠的。结构每升高一层,临时观测点上移一层并进行观测,直到 ±0.000 再按规定埋设永久观测点（为便于观测可将永久观测点设于 ±0.000 标高以上 500 mm 处）,然后每施工一层就复测一次,直至竣工。

在施工打桩、基坑开挖以及基础完工后上部不断加层的阶段进行沉降观测时,必须记载每次观测的施工进度、荷载增加量等各种影响沉降变化和异常的情况。每次观测后,应及时对观测资料进行整理,计算出观测点的高程、沉降量、沉降差以及本周期平均沉降量和沉降速度。

施工阶段的沉降观测,一般要求应遵循"四定"原则。所谓"四定",即通常所说的沉降观测依据的基准点（基点）和被观测物上沉降观测点的点位要固定;所用仪器、设备要固定;观测人员要固定;观测路线、镜位、程序和方法要固定。

四、沉降观测精度要求

（1）各类沉降观测的等级和精度要求,应视工程的规模、性质及沉降量的大小及速度确定。建筑变形监测的等级、精度指标及适用范围见表 8-1。

表 8-1　建筑变形监测的等级、精度指标及适用范围

变形监测等级	沉降观测	位移观测	主要适用范围
	观测点测站高差中误差/mm	观测点坐标中误差/mm	
特等	0.05	0.3	特高精度要求的特种精密工程的变形监测

变形监测等级	沉降观测 观测点测站高差中误差/mm	位移观测 观测点坐标中误差/mm	主要适用范围
一等	0.15	1.0	地基基础设计为甲级的建筑的变形监测,重要的古建筑和特大型市政桥梁等变形监测等
二等	0.5	3.0	地基基础设计为甲、乙级的建筑的变形监测,场地滑坡测量,重要管线的变形监测,地下工程施工及运营中变形监测,大型市政桥梁变形监测等
三等	1.5	10.0	地基基础设计为乙、丙级的建筑的变形监测,地表、道路及一般管线的变形监测,中小型市政桥梁变形监测等
四等	3.0	20.0	精度要求低的变形监测

（2）各等级水准测量使用的仪器型号和标尺类型应符合表8-2的规定。

表8-2 水准测量使用的仪器型号和标尺类型

级别	使用的仪器型号	标尺类型
一等	DS05	因瓦条形码标尺、玻璃钢条形码标尺
二等	DS05	因瓦条形码标尺
	DS1	因瓦条形码标尺、玻璃钢条形码标尺
三等	DS05、DS1	因瓦条形码标尺
	DS3	玻璃钢条形码标尺
四等	DS1	因瓦条形码标尺、玻璃钢条形码标尺
	DS3	玻璃钢条形码标尺

五、沉降观测的成果整理

1. 整理原始记录

每次沉降观测结束后,应检查数据和计算结果是否正确,精度是否满足。如超限,则应重新观测。精度满足,则平差,推算出各观测点的高程,列入观测结果表中。

2. 计算沉降量

根据各观测点本次所测得高程与上次所测高程之差,计算各观测点本次沉降量和累计沉降量。

沉降观测点的本次沉降量=本次观测所得高程−上次观测所得高程

累计沉降量=本次沉降量+上次累计沉降量

3. 绘制沉降曲线(图 8-4)

（1）绘制时间与沉降量关系曲线的方法　先以沉降量为纵轴、时间为横轴组成直角坐标系,然后以每次累计沉降量为纵坐标、每次的观测时间为横坐标标出各点,将各点连接起来,即可绘制出时间与沉降量关系曲线。

（2）绘制时间与荷载关系曲线的方法　以荷载为纵轴、时间为横轴组成直角坐标系,根据每次的观测时间和相应的荷载标出各点,将各点连接起来,即可绘制出时间与荷载的关系曲线。

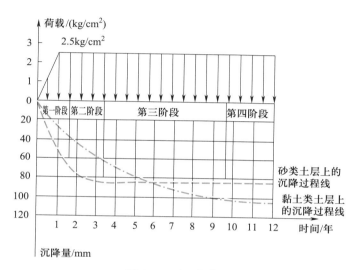

图 8-4　沉降曲线

4. 沉降观测应提交的资料

（1）工程平面位置图及基点分布图;

（2）沉降观测点位分布图;

（3）沉降观测记录(表 8-3);

表 8-3　沉降观测记录

观测次数	观测时间 (年.月.日)	各观测点的沉降情况						施工进度发展	荷载情况/ (t/m²)
		1			2		3		
		高程/m	本次下沉/ mm	累计下沉/ mm	高程/m	本次下沉/ mm	累计下沉/ mm	...		
1	2010.01.10	50.454	0	0	50.473	0	0	...	一层平口	
2	2010.02.23	50.448	−6	−6	50.467	−6	−6	...	三层平口	40
3	2010.03.16	50.443	−5	−11	50.462	−5	−11	...	五层平口	60
4	2010.04.14	50.440	−3	−14	50.459	−3	−14	...	七层平口	70

续表

| 观测次数 | 观测时间 (年.月.日) | 各观测点的沉降情况 | | | | | | | 施工进度发展 | 荷载情况/ (t/m²) |
| | | 1 | | | 2 | | | 3 | | |
		高程/m	本次下沉/ mm	累计下沉/ mm	高程/m	本次下沉/ mm	累计下沉/ mm	…		
5	2010.05.14	50.438	−2	−16	50.456	−3	−17	…	九层平口	80
6	2010.06.04	50.434	−4	−20	50.452	−4	−21	…	主体完	110
7	2010.08.30	50.429	−5	−25	50.447	−5	−26	…	竣工	
8	2010.11.06	50.425	−4	−29	50.445	−2	−28	…	使用	
9	2011.02.28	50.423	−2	−31	50.444	−1	−29	…		
10	2011.05.06	50.422	−1	−32	50.443	−1	−30	…		
11	2011.08.05	50.421	−1	−33	50.443	0	−30	…		
12	2011.12.25	50.421	0	−33	50.443	0	−30	…		

（4）时间-荷载-沉降量曲线；

（5）等沉降曲线（图8-5）。

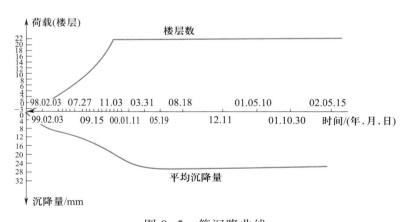

图8-5　等沉降曲线

六、沉降观测实施步骤

如图8-6所示,选取某校内已经竣工的宿舍楼采用二等水准测量的要求进行沉降观测。已知:A、B、C为沉降观测的基点,1、2、3、4、5、6为建筑物上的沉降观测点。要求:

（1）采用二等水准进行沉降观测；

（2）求出本次沉降观测点的高程；

（3）如有以前观测资料,计算各观测点的沉降量与累计沉降量。

1. 现场踏勘,确定测量方案,选择、检定测量仪器和工具

根据实际现场的情况及表 8-4 的规定,如图 8-7 所示,中间增加两个转点 TP1、TP2。确定观测的路线为:B—1—TP1—2—3—4—TP2—5—6—B,往测结束后,从点 B 开始进行返测。仪器选择 DS1,配因瓦条形码标尺。沉降观测前先检定 i 角,检查水准尺。i 角超过 15″时应停止使用,立即送检。

沉降观测作业方式见表 8-4。二等水准观测技术要求见表 8-5、表 8-6。

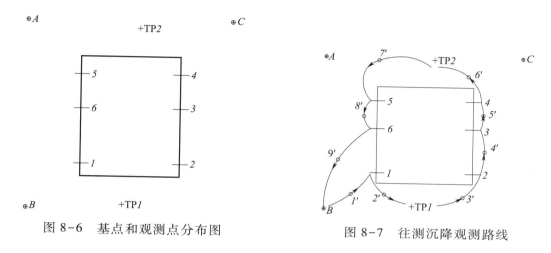

图 8-6　基点和观测点分布图　　　　图 8-7　往测沉降观测路线

表 8-4　沉降观测作业方式

沉降观测等级	基准点测量、工作基点联测及首期沉降观测			其他各期沉降观测			观测顺序
	DS05 型	DS1 型	DS3 型	DS05 型	DS1 型	DS3 型	
一等	往返测	—	—	往返测或单程双测站	—	—	奇数站:后—前—前—后
							偶数站:前—后—后—前
二等	往返测	往返测或单程双测站	—	单程观测	单程双测站	—	奇数站:后—前—前—后
							偶数站:前—后—后—前
三等	单程双测站	单程双测站	往返测或单程双测站	单程观测	单程观测	往返测或单程双测站	后—前—前—后
四等	—	单程双测站	往返测或单程双测站	—	单程观测	往返测或单程双测站	后—后—前—前或后—前—前—后

表 8-5 数字水准仪观测要求

等级	视线长度/m	前后视距差/m	前后视距累积差/m	视线高度/m	水准仪重复测量次数/次
一等	≥4 且 ≤30	≤1.0	≤3.0	≥0.65	≥3
二等	≥3 且 ≤50	≤1.5	≤5.0	≥0.55	≥2
三等	≥3 且 ≤75	≤2.0	≤6.0	≥0.45	≥2
四等	≥3 且 ≤100	≤3.0	≤10.0	≥0.35	≥2

注:1. 在室内作业时,视线高度不受本表的限制。
　　2. 当采用光学水准仪时,观测要求应满足表中各项要求。

表 8-6 数字水准仪观测允许误差　　　　　　　　　　mm

等级	两次读数所得高差之差/mm	往返较差及附合或环线闭合差	单程双测站所测高差之差	检测已测测段高差之差
一等	0.5	$0.3\sqrt{n}$	$0.2\sqrt{n}$	$0.45\sqrt{n}$
二等	0.7	$1.0\sqrt{n}$	$0.7\sqrt{n}$	$1.5\sqrt{n}$
三等	3.0	$3.0\sqrt{n}$	$2.0\sqrt{n}$	$4.5\sqrt{n}$
四等	5.0	$6.0\sqrt{n}$	$4.0\sqrt{n}$	$8.5\sqrt{n}$

注:1. 表中 n 为测站数。
　　2.当采用光学水准仪时,基、辅分划或黑、红面读数较差应满足表中两次读数所测高差之差的允许误差。

2. 复核基点的高程

用精密水准仪按照二等水准测量的要求,对 A、B、C 三个基点进行联测,或与城市等级水准点联测,复核点 B 高程。

控制测量及首次观测精度按照规范的要求应提高一个等级进行观测。

3. 沉降观测的实施

(1)在点 B 上和点 1 上立上水准尺,在 B 和 1 之间找到一个点 $1'$,用测绳或皮尺丈量,前后视距应大致相等。

(2)在点 $1'$ 安置水准仪,粗略整平,调焦照准点 B 上所立的水准尺的黑面,精平,读出上丝、下丝和中丝的读数,分别记录到表 8-7 中的(1)、(2)、(3)所对应的格中。

(3)转动望远镜照准点 1 所立水准尺的黑面,精平后,分别读出上丝、下丝和中丝的读数,分别记录到表 8-7 中的(4)、(5)、(6)所对应的格中;再把点 1 上所立的水准尺转为红面,操作员读出中丝的读数,记录到表 8-7 表中(7)所对应的格中。

表 8-7 二等水准测量手簿

操作手：_____

测站编号	点号	后尺	上丝	前尺	上丝	方向及	水准尺读数		K+	平均高差/
			下丝		下丝	尺号			黑-红	m
		后视距		前视距			黑面	红面		
		视距差		$\sum d$						
		（1）		（4）		后	（3）	（8）	（14）	
		（2）		（5）		前	（6）	（7）	（13）	（18）
		（9）		（10）		后－前	（15）	（16）	（17）	
		（11）		（12）						
检核	$\sum(9)-\sum(10)=$ $\sum[(15)+(16)]=$ 末站（12）= $2\sum(18)=$ 总视距 $=\sum(9)+\sum(10)=$ $\sum[(3)+(8)]-\sum[(6)+(7)]=$										

（4）立尺员把点 B 上所立的尺子转到红面,操作员转动望远镜照准 B 上所立的尺子,精平,读数,并把读数记录到表 8-7 中(8)所对应的格中。

（5）点 B 上的立尺员把尺子移动到路线上前一个转点 TP1 上,操作员移动水准仪到 2′点上,要求 2′用测绳量过,在该点上前后视距大致相等。接下去的操作同第一个测站;同理测出其他各个测站所对应的读数。

（6）测站 9′测完后,把点 6 上与点 B 上的尺子互换,从点 B 开始返测。

（7）注意:每一测站上的观测程序应为“后—前—前—后”“黑—黑—红—红”;观测要符合表 8-5 和表 8-6 的要求。

4. 整理观测数据

（1）把外业观测数据填写到表 8-8 中,计算各沉降观测点的本次高程。

表 8-8   水准测量成果计算表

点号	距离/km	测站数	实测高差/m	改正数/m	改正后高差/m	高程/m	点号	备注
1	2	3	4	5	6	7	8	9

辅助计算:

（2）按照下式确定本次沉降量、累计沉降量,填写到表 8-9 中;如果缺乏前期的沉降观测资料,只求出各沉降观测点现在所对应的高程。

沉降观测点的本次沉降量=本次观测所得高程−上次观测所得高程

累计沉降量=本次沉降量+上次累计沉降量

表 8-9　沉降观测记录表

工程记录：　　　　　　　　　　　　　　　　　　　　　　　第　　页　共　　页

观测点编号		第　次			第　次			第　次			第　次		
		年　月　日			年　月　日			年　月　日			年　月　日			
		标高/m	沉降量/mm		标高/m	沉降量/mm		标高/m	沉降量/mm		标高/m	沉降量/mm		
			本次	累计		本次	累计		本次	累计		本次	累计	
沉降观测结果													
工程状态													
仪器编号													
观测者													
记录者													
见证者													
审核者													
基点及沉降观测点布置示意图													

📚 知识要点

一、工作基点和观测点标志的布设

二、沉降观测周期

（1）在施工阶段,观测的频率要高些,一般按 3 d、7 d、15 d 确定观测周期,或按层数、荷载的增加确定观测周期,观测周期具体应视施工过程中地基与加荷而定。

（2）建筑物使用阶段的观测次数,应视地基土类型和沉降速度大小而定。除有特殊要求者外,一般情况下,可在第一年观测 3 或 4 次,第二年观测 2 或 3 次,第三年后每年 1 次,直至稳定为止。

（3）观测期限一般不少于如下规定:砂土地基 2 年,膨胀土地基 3 年,黏土地基 5 年,软土地基 10 年。沉降是否进入稳定阶段,应由沉降量与时间关系曲线判定。一般观测工程,若沉降速度小于 0.01~0.04 mm/d,可认为已进入稳定阶段,具体取值宜根据各地区地基土的压缩性确定。

三、沉降观测的"四定"

所谓"四定",即通常所说的沉降观测依据的基准点(基点)和被观测物上沉降观测点的点位要固定;所用仪器、设备要固定;观测人员要固定;观测路线、镜位、程序和方法要固定。

四、沉降观测实施步骤

（1）现场踏勘,确定测量方案,选择、检定测量仪器和工具。
（2）复核基点的高程。
（3）沉降观测的实施。
（4）整理观测数据,计算本次观测点的高程,计算本次沉降量和累计沉降量。

🏺 学习检测

1. 建筑物的观测周期怎么确定?

2. 建筑物沉降稳定的标准是沉降速度小于＿＿＿＿＿＿＿＿＿。

3. 建筑物沉降异常的表现形式有哪些？

4. 沉降观测中的"四定"是什么？

任务 2　倾斜测量、裂缝监测和水平位移观测

任务目标

1. 能正确地选择合适的方法对建筑物进行倾斜测量。

2. 能根据观测的数据计算倾斜值，并能判断是否允许。

任务内容

1. 知识点

（1）建筑物倾斜知识与计算

（2）倾斜测量与裂缝监测方法

（3）建筑物倾斜的允许值

2. 技能点

（1）一般建筑物的倾斜测量

（2）圆形建筑物或构筑物的倾斜测量

（3）基础倾斜测量

 **知识解读**

一、倾斜测量

基础不均匀沉降将使建筑物产生倾斜,对于建筑物的使用及安全影响较大,严重的不均匀沉降将使建筑物产生裂缝甚至倒塌。因此,必须及时观测、处理,以保证建筑物的安全。

1. 一般建筑物的倾斜测量

变形监测中的倾斜测量主要是对高层建筑或高耸构筑物的主体进行的,如高层的房屋建筑、电视塔、水塔和烟囱等。建筑物主体的倾斜测量应测定建筑物顶部观测点和中间各层相对于底部观测点的偏移值,再根据建筑物的高度,计算建筑物主体的倾斜度:

$$i = \tan \alpha = \Delta D / H \tag{8-1}$$

式中　i——建筑物主体的倾斜度;

　　　ΔD——建筑物顶部观测点相对于底部观测点的偏移值,m;

　　　H——建筑物的高度,m;

　　　α——倾斜角,(°)。

由式(8-1)可知,倾斜测量主要是测定建筑物主体的偏移值 ΔD。偏移值 ΔD 的测定一般采用经纬仪投影法。具体测量方法如下:

(1) 如图8-8所示,将经纬仪安置在固定测站上,该测站到建筑物的距离为建筑物高度的1.5倍以上。瞄准建筑物 X 墙面上部的观测点 M(做好标记),用盘左、盘右分中投点法,定出下部的观测点 N,并做上标记。同样的方法,在 Y 墙面上定出上观测点 P 和下观测点 Q,M、N 和 P、Q 即为所设观测标志。

(2) 相隔一段时间后,在原固定测站上安置经纬仪,对中、整平后,分别瞄准上观测点 M 和 P,用盘左、盘右分中投点法,得到 N' 和 Q'。如果 N 与 N'、Q 与 Q' 不重合,如图8-8所示,说明建筑物发生了倾斜。

(3) 用尺子量出在 X、Y 墙面的偏移值 ΔA、ΔB,则该建筑物的总偏移值 ΔD 为:

$$\Delta D = \sqrt{\Delta A^2 + \Delta B^2} \tag{8-2}$$

则倾斜度　　　　　　　$i = \tan \alpha = \Delta D / H = \sqrt{\Delta A^2 + \Delta B^2} / H \tag{8-3}$

2. 圆形或锥形建(构)筑物主体的倾斜测量

对圆形或锥形建(构)筑物的倾斜测量,是在互相垂直的两个方向上,测定其顶部中心相对底部中心的偏移值。具体测量方法如下:

(1) 如图8-9所示,在烟囱底部横放一根标尺或钢尺,在标尺中垂线方向上安置经纬仪,经纬仪到烟囱的距离为烟囱高度的1.5倍左右。

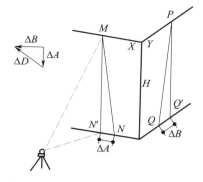

图 8-8　一般建筑物的倾斜测量

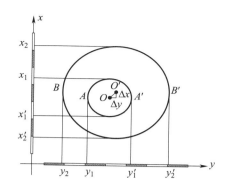

图 8-9　圆形或锥形建筑物倾斜测量

（2）用望远镜将烟囱顶部边缘两点 A、A' 及底部边缘两点 B、B' 分别投到标尺上，得读数为：

$$\Delta y = \frac{y_1 + y'_1}{2} - \frac{y_2 + y'_2}{2} \tag{8-4}$$

（3）用同样的方法，可测得：

$$\Delta x = \frac{x_1 + x'_1}{2} - \frac{x_2 + x'_2}{2} \tag{8-5}$$

（4）顶部中心 O 对底部中心 O' 的总偏移值 ΔD 为：

$$\Delta D = \sqrt{\Delta x^2 + \Delta y^2} \tag{8-6}$$

则倾斜度：

$$i = \tan \alpha = \Delta D / H = \sqrt{\Delta x^2 + \Delta y^2} / H$$

3. 建筑物基础倾斜测量

对整体刚度好的建筑物的倾斜测量，亦可采用基础沉降量差值推算主体偏移值。建筑物的基础倾斜测量一般采用精密水准测量的方法，定期测出基础两端点的沉降量差值 Δh，如图 8-10 所示，再根据两点之间的距离 l，即可计算出基础的倾斜度，也就是建筑物的倾斜度：

$$i = \frac{\Delta h}{l'} \approx \frac{\Delta h}{l} \tag{8-7}$$

二、裂缝监测

建筑物荷载差异、结构变化或者地基土不均等，都会导致建筑物产生不均匀沉降，建筑物可能由于剪力过大而产生剪切破坏，产生裂缝（图 8-11）。当建筑物多处产生裂缝时，应先对裂缝进行编号，然后分别监测裂缝的位置、走向、长度及宽度等。根据裂缝分布情况，在裂缝监测时，应在有代表性的裂缝两端各设置一个固定的观测标志，然后定期量取两标志的间距，即可得出裂缝变化的尺寸（长度、宽度和深度）。常用的裂缝观测标志有石膏板标志、白铁皮标志和金属棒标志。

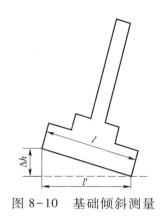

图 8-10　基础倾斜测量

图 8-11　建筑物裂缝

1. 石膏板标志

用厚 10 mm,宽 50~80 mm 的石膏板(长度视裂缝大小而定),固定在裂缝的两侧。当裂缝继续发展时,石膏板也随之裂开,从而观察裂缝继续发展的情况。

2. 白铁皮标志

(1) 如图 8-12 所示,用两块白铁皮,一块为 150 mm×150 mm 的正方形,固定在裂缝的一侧;另一块为 50 mm×200 mm 的矩形,固定在裂缝的另一侧,使两块白铁皮的边缘相互平行,并使其中的一部分重叠。

(2) 在两块白铁皮的表面涂上红色油漆,并写上编号和日期。

(3) 如果裂缝继续发展,两块白铁皮将逐渐拉开,露出正方形上原被覆盖没有油漆的部分,其宽度即为裂缝的宽度。

3. 金属棒标志

如图 8-13 所示,用直径为 20 mm,长约 80 mm 的金属棒,埋入混凝土内 60 mm,外露部分为观测标志点。两标志点的距离 l 不得少于 150 mm,用游标卡尺定期测量两个标志点之间的距离变化值,以此来掌握裂缝的发展情况。

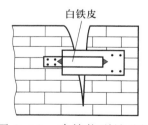

图 8-12　建筑物裂缝监测

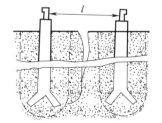

图 8-13　金属棒裂缝观测标志

三、水平位移观测

1. 基准线法

水平位移观测是根据平面控制点测定建筑物在水平面上随时间而移动的大小及方向。首先,在建筑物纵、横方向上分别设置观测点及控制点。每个方向的控制点至少 3 个,并且位于同一直线上,点间距离宜大于 30 m,埋设稳定标志,形成固定基线,以保证测量精度。如图 8-14 所示,以一个方向的位移观测为例。点 A、B、C 为控制点,点 M 为建筑物上牢固、明显的观测点。

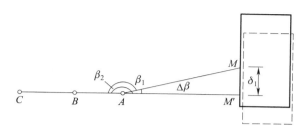

图 8-14 固定基准线

水平位移观测可采用正倒镜投点的方法求出位移值,亦可用测水平角的方法。设量得点 A 到点 M' 的水平距离为 D,在点 A 第一次所测角度为 β_1,第二次测得角度为 β_2,两次观测角度的差为:

$$\Delta\beta = \beta_2 - \beta_1 \tag{8-8}$$

则

$$\delta_1 = D \cdot \frac{\Delta\beta}{\rho''} \tag{8-9}$$

式中 $\rho'' = 206\ 265''$。

同理测得另一个方向的位移为 δ_2。则总位移

$$\delta = \sqrt{\delta_1^2 + \delta_2^2} \tag{8-10}$$

2. 坐标观测法

采用坐标观测法进行水平位移观测的一般程序为:在水平变形影响范围以外布设控制网、布设观测点、采集各个时期的数据、计算得出建筑物的水平位移变形值。

(1) 选择基准点,布设水平位移观测控制网。控制点应该选在受建筑物等各项变形影响范围以外,并且能长期保存,易于寻找和观测,能方便与已知的高等的平面控制点联测。

(2) 用导线测量的方法与已知点联测求得各基准点的坐标。

(3) 布设观测点。观测点的布设应充分满足变形监测的要求,均匀分布在建筑物周围以及容易发生变形的位置。观测点应能反映出建筑物的水平位移变形值。

(4) 采集各个时期的数据。在观测点刚布设结束时,用全站仪或经纬仪、钢尺立即进行一次观测,假定第一次观测测得某个点坐标为 (x_1, y_1)。然后每隔一段时间对观测点进行观测,并做好记录和计算,假定第 i 次测得该点坐标为 (x_i, y_i)。数据采集可以使用全站仪、GPS 等技术手段进行观测。对于大面积的变形值较大的水平位移观测,可以采用遥感、雷达技术等进行观测。

(5) 计算建筑物的变形值。通过对不同时期的坐标值进行对比分析,计算出各点的水平位移变形值,进而得出建筑物的水平位移变形值。如上述该点的位移为:

$$\Delta D = \sqrt{\Delta x^2 + \Delta y^2} = \sqrt{(x_i - x_1)^2 + (y_i - y_1)^2} \tag{8-11}$$

知识要点

一、倾斜测量

1. 一般建筑物的倾斜测量
计算建筑物主体的倾斜度:
$$i = \tan \alpha = \Delta D/H$$
2. 圆形或锥形建(构)筑物主体的倾斜测量
3. 建筑物基础倾斜测量

二、建筑物的裂缝监测

1. 石膏板标志
2. 白铁皮标志
3. 金属棒标志

三、水平位移观测

1. 基准线法
2. 坐标观测法

学习检测

1. 为什么要进行建筑物的倾斜测量?倾斜测量的内容有哪些?

2. 裂缝监测的常见方法有哪几种?

郑重声明

读者意见反馈

为收集对教材的意见建议，进一步完善教材编写并做好服务工作，读者可将对本教材的意见建议通过如下渠道反馈至我社。

咨询电话　400-810-0598

反馈邮箱　zz_dzyj@pub.hep.cn

通信地址　北京市朝阳区惠新东街4号富盛大厦1座

　　　　　高等教育出版社总编辑办公室

邮政编码　100029

防伪查询说明

用户购书后刮开封底防伪涂层，使用手机微信等软件扫描二维码，会跳转至防伪查询网页，获得所购图书详细信息。

防伪客服电话

（010）58582300

学习卡账号使用说明

一、注册/登录

访问http://abook.hep.com.cn/sve，点击"注册"，在注册页面输入用户名、密码及常用的邮箱进行注册。已注册的用户直接输入用户名和密码登录即可进入"我的课程"页面。

二、课程绑定

点击"我的课程"页面右上方"绑定课程"，在"明码"框中正确输入教材封底防伪标签上的20位数字，点击"确定"完成课程绑定。

三、访问课程

在"正在学习"列表中选择已绑定的课程，点击"进入课程"即可浏览或下载与本书配套的课程资源。刚绑定的课程请在"申请学习"列表中选择相应课程并点击"进入课程"。

如有账号问题，请发邮件至：4a_admin_zz@pub.hep.cn。